懂仪式感的女人更幸福

庞金玲——著

金城出版社
GOLD WALL PRESS
中国·北京

图书在版编目（CIP）数据

懂仪式感的女人更幸福 / 庞金玲著. —北京：金城出版社, 2019.3
ISBN 978-7-5155-1788-9

Ⅰ. ①懂… Ⅱ. ①庞… Ⅲ. ①女性-幸福-通俗读物-基本知识
Ⅳ. ①B82-49
中国版本图书馆CIP数据核字（2018）第282901号

懂仪式感的女人更幸福

作　　者　庞金玲
责任编辑　李明辉
文字编辑　许　姗
开　　本　880毫米×1230毫米　1/32
印　　张　8
字　　数　136千字
版　　次　2019年3月第1版
印　　次　2019年3月第1次印刷
印　　刷　三河市百盛印装有限公司
书　　号　ISBN 978-7-5155-1788-9
定　　价　39.80元

出版发行　**金城出版社**　北京市朝阳区利泽东二路3号　邮编：100102
发 行 部　（010）84254364
编 辑 部　（010）64391966
总 编 室　（010）64228516
网　　址　http: //www.jccb.com.cn
电子邮箱　jinchengchuban@163.com
法律顾问　北京市安理律师事务所 18911105819

PREFACE 前言

亲爱的姐妹，当你阅读本书时，很荣幸，我又认识了一位新朋友，一位跟我一样需要仪式感充盈心灵的女人。

什么是仪式感？在圣·埃克苏佩里所著的童话《小王子》里，狐狸说，仪式感就是使某一天与其他日子不同，使某一时刻与其他时刻不同。

诚如狐狸所言，所谓仪式感，就是赋予某个时刻特殊的意义，让生活中平凡琐碎的事情看上去更特别。它是一种积极向上、豁达乐观的生活态度，代表着人们对幸福的追求和对美好的向往，它让我们相信自己配得上更好的生活。

女人需要仪式感，给平凡琐碎增添一丝暖意、一丝浪漫、一丝新意和惊喜，将日复一日的柴米油盐熬成诗和远方，让每一个平庸的日子都充满万丈光芒。

女人的仪式感与金钱无关，与权力无关，它让女人对所在意的事情怀有敬畏心，给予自己归属感、安全感和使命感。在这份仪式感的映照下，平日的辛苦、委屈和压力得以被释放和安抚。

它提醒着女人生命中重要的人和时刻，并从中感受到爱、希望和生生不息的力量。

女人需要用丰盈的仪式感来表达敬意和爱意。也许有一天，当你在婚姻生活的油腻中倍感疲惫，或者某个时刻伴侣让你顿生失望，你摸摸手指上这一抹光辉，它会提醒你们曾经那般相爱。婚姻中注入的仪式感，比双方荷尔蒙爆发时注入的活力更让人心动。

女人的仪式感与矫情、做作无关，它是给予女人的一种庄严礼仪。人生没有彩排，女人的每一天都要正式出演，都需要盛装以待。

女人的仪式感，从来不是等来的，而是自己创造出来的。懂仪式感的女人，内心都有一点点小浪漫，也是会生活的幸福女人。即使一个人也能让生活多姿多彩，不辜负每一天、每一刻，恣意享受美好生活。

在河流的冲击下，鹅卵石变得更加光滑圆润；在时间的流逝中，女人让自己变得更加精致从容。积极营造仪式感，是一种处世方式，亦是一种生活态度。从今天起，好好珍惜余生，不抱怨，不将就，不攀附，不屈服，安然于岁月，把日子过成自己想要的样子，精致到老。

目录

CONTENTS

辑一　仪式感，对女人到底有多重要

女人，就是要懂仪式感。拥有了营造仪式感的能力，便拥有了弥足珍贵的安全感和积极乐观的心理暗示；便能与外部世界建立联系，突显自己存在的价值；便能化解人生的苦涩，让一切变得有趣；便能让生活中的所有琐碎熠熠生辉，拥有更精致人生。

辑二　什么是仪式感

仪式感不需要物质做支撑，也不是浮于表面的故弄玄虚，而是一种生活美学，是一种对生活尊重、敬畏、认真且热爱的态度。仪式感让你在快节奏的社会中始终保持从容心态，让平淡的生活拥有更丰富的层次。

辑三　生活很“混蛋”，应对它的姿态要好看

女人，既要拼得了职场，又要hold住家庭。既然生活如此不易，你为什么不用充满仪式感的姿态，轻松应对它呢？任生活虐我千百遍，我待生活如初恋。懂仪式感的女人，不仅能把生活过得精彩，也能将自己装扮得神采飞扬，叫人好生羡慕却又无法嫉妒。

目 录

辑六　仪式感，婚姻生活中行走的“保鲜剂”

婚姻来不得半点敷衍。所谓不幸福的婚姻，不过是因为你懒于表达，疏于经营，让婚姻的花园长满了杂草。婚后生活除了柴米油盐，除了相互扶持，还需要浪漫的仪式感来维持。

辑七　成长需要仪式感，给孩子最好的“富养”

用心教育，用爱陪伴，偶尔制造一些惊喜，让孩子感受到被重视和被尊重，这是你给孩子最好的“富养”。成长于有仪式感家庭的孩子，心灵更容易被滋养，也更易感受到幸福。

目 录

辑八　多少关系，输在没有仪式感

善于表达自己，也懂得控制情绪；喜欢与人交往，也明白亲疏有间。一个懂仪式感的女人，一定能平衡好人、事、物之间的关系，在平淡的生活中，收藏诗和远方。

辑九　谁也不是谁的谁，做自己的女王，美且独立

每一个懂仪式感的女人，都不愿活成千人一面。她们懂得投资自己，严格要求自己，不迁就，不将就；她们有梦想，有原则，重视颜值，更重视眼界和情商，且美且独立；她们会全身心投入到学业或事业中，风雨无阻，年华无欺，活生生地为自己杀出一条血路。

辑十　单纯为了经营生活很累，女人的仪式感完全可以更高级

为了经营好生活，我们习惯性地追逐、索取、奔跑，忘了停下来静静思考。于是，生活在柴米油盐的浸泡中，失去了往日的颜色和鲜活。单纯经营生活很累，给生活加点儿料，在鸡毛蒜皮的小事中收获惊喜、浪漫、幸运和美好。

辑一

仪式感，对女人到底有多重要

女人，就是要懂仪式感。

拥有了营造仪式感的能力，

便拥有了弥足珍贵的安全感和积极乐观的心理暗示；

便能与外部世界建立联系，

突显自己存在的价值；

便能化解人生的苦涩，

让一切变得有趣；

便能让生活中的所有琐碎熠熠生辉，

拥有更精致人生。

没有仪式感的生活，只会剩下两个字——无趣

有时候，不是生活太无趣，而是你放弃了那些让自己更有趣的生活方式和那颗对生活敬畏的心。而这种生活方式和敬畏之心，就是所谓的仪式感。

1

你的生活是不是这样的：周一至周五，早上起床洗漱完毕，然后吃早饭、匆匆忙忙赶去上班，八小时或者十二小时或者更久的辛苦工作后，下班回家和家人聚在一起吃晚餐，然后看电视、玩手机或者阅读、做家务，困意袭来便睡觉休息。周末，宅在家里追追剧、打打游戏、玩玩手机……

的确，我们的生活变得越来越方便、快捷了，即使足不出户，也可以衣食无忧。可生活的趣味和快乐，也在躺着的时光里逐渐丢失了。比如你可以坐在电脑前，在网上买衣服，即便价格还能接受，但你再也找不到曾经跟闺密一起为了一条裙子走好几条街去砍价、去货比三家时的快乐和成就感了；比如你在手机APP上订了外卖，虽然会有专人给你送餐到家，但你再也闻不

到从前自己买菜洗菜、劳神费力煮出的那顿饭香喷喷的幸福味道了……

我们总觉得生活越来越无趣，甚至觉得没有意思。其实我们过得没有意思不是因为我们的生活越来越好，而是我们放弃了那些让我们变有趣的生活方式和对生活的敬畏之心。

2

当年在深圳打拼时，我曾与一个陌生的女孩一起合租房子。

女孩在一家商贸公司做会计，工作不算轻松，收入也不高。为了省钱，她经常吃方便面。可即便是方便面，她也能吃出无限的乐趣。我见过她做方便面，和大多数人不同的是，她会在方便面里加一勺虾皮提鲜，再配上鸡蛋和蔬菜，有时候还会放半个番茄，原来一碗普普通通的方便面，经过她的点缀，就变成了让人食欲大增的精致晚餐。

我曾经疑惑地问她，不就是一碗方便面么，为什么要如此折腾？她睁大眼睛认真地告诉我，正因为只有一碗面，才更要花一点儿心思，更注重色、香、味以及营养的搭配。否则，一碗面就永远只是一碗面。

其实，生活又何尝不是呢？正因为一成不变，才要更温柔地对待。一碗面有只配一碗开水，胡乱潦草的吃法；也有精心搭配，细细品味的吃法。而在那个搭配的过程中，你收获的不仅是营养，还有生活的乐趣。

理解她后，再看到她在厨房里为一次看似微不足道的晚餐，认真地洗菜、切菜时，内心便生出了不一样的感触。当她津津有味地吃这顿“泡面盛宴”时，脸上洋溢出的发自肺腑的满足感和幸福感，她所表现出来的对生活的不将就和敬重，让我忍不住为她竖起大拇指。

3

几乎每天早上坐地铁时，我都会与一个背着书包的女孩不期而遇。因为经常碰到，便格外留心。我发现女孩总是穿着一身得体的工作服，配一双高度适中的高跟鞋，乌黑的头发束成高高的马尾，妆容精致，看起来十分精神。

然而她却背着一款类似于学生款的书包。这个背包显然已经有一些年头了，无论是脱落的线头还是生锈的拉链，都显示着它的廉价。

每当女孩上车后，不管拥挤与否，她都会从容不迫地取下书包，掏出一本书，认真地阅读，仿佛周边的吵闹都不存在。

有一次，女孩子正好坐在我旁边，我特意认真地看了一眼她手里的书，是马塞尔·普鲁斯特的《追忆逝水年年》。那一瞬间，我有一点吃惊，那本厚厚的“砖头”我曾经数次翻阅过，每次都因为浮躁和缺乏耐心，又放下了。而这个女孩，居然能在拥挤喧嚣的地铁里，看得津津有味。快下车时，女孩将书小心翼翼地收起，放进了书包里。在她完成这一动作的几秒钟里，我匆匆瞄了一眼她的包，发现里面整齐的装着另外几本书，以及一个透明的化妆包，化妆包里那脱了色的口红盖子尤其显眼。我顿时对女孩生出了几分敬意。

不难看出，女孩的生活并不富裕，然而在拮据的生活面前，她依然保持着一份对内在美和外在美的追求，即便环境吵闹，也能安静地阅读；即便化妆品质量低劣，也要化精致的妆。

契诃夫说：“人的一切都应该是美的，外貌、衣着、灵魂、思想。”在有限的条件下追求美好的事物与生活，并拥有自信、通达、乐观的精神，这大约是所有有仪式感的人的特质。

4

这两年，仪式感成了一个流行的概念。在许多人眼中，仪式感是一个高大上的词语。事实上，仪式感没有那么高深，它其实就蕴藏在生活的每一个微小细节中：它可以是你早起半小时做的一顿美味早餐，它可以是你在挤公交车的过程中看到的一本有趣的书或一个有趣的人，它甚至可以是你在下班路上心血来潮的一次换条路走一走的尝试……

仪式感不需要太多的金钱、精力和经历，它生长在平淡无奇的琐碎里，存在于我们用心对待的每一个平凡日子里。当一个女人拥有了创造仪式感的能力，她生活中所有的琐碎就能熠熠生辉。

说到底，生活是否有趣，全在于你有没有热爱生活的心境、想不想做一个有仪式感的人。当你尝试着在做一件事时多一些仪式感，你就会发现，有趣的生活原来就在这儿。

电视剧《父母爱情》里有个情节特别打动我，安杰随军去荒岛上生活，某一天午后，请葛老师来家里一起喝咖啡，葛老师精心打扮了一番，“就像个仙女”，在爬满藤蔓的葡萄架下，两人细细品了一口咖啡，葛老师感慨：“这样的日子，可真好啊！”安杰则说：“这喝咖啡的感觉可真好！”在那样一个精神和物质都极度匮乏的荒岛，喝咖啡这件小事，带来的便是仪式感，而正是这种美好的感受，给这两个女人来带了对生活的热爱、对未来的憧憬。

同样让人动容的还有电影《花样年华》里的苏丽珍，对待生活，她从不敷衍，即便是出门买菜， 也会换上干净优雅的旗袍，搭配得体的高跟鞋。

王小波说：“一辈子很长，要和有趣的人在一起。”我的理解，和有趣的人在一起不如把自己变得有趣，而要想变得有趣，最有效的一个方法，就是注重仪式感，饶有兴致地去对待生活中的小事，生活就会充满“小确幸”。

人生可以单调乏味，也可以多姿多彩，选择权和掌握权，全在我们自己手里。如果你觉得生活太无趣，与其抱怨，不如好好想一想：是不是你的生活过得太没有仪式感了？

女人，
需要仪式感来给自己安全感

仪式是你对怀有崇敬的事所表达的态度，是你在这场感情里投入的心思、精力和努力的表现形式。女人需要仪式感，因为这是女人的安全感。

1

谭先秀是婚恋交友节目《非诚勿扰》的一位嘉宾。在某一期节目中，她坦言，自己非常重视纪念日，谈恋爱的时候一个月有15天都在过纪念日。除了传统节日，周末、第一次牵手、第一次逛街等，都是她的纪念日。她还有一个专门记录纪念日的小本本。

比如早晨起床，她会要求男朋友对自己说“我爱你”，出门要拥抱，要吻别；回家要拥抱，也要吻。对于纪念日的仪式，更是不能有半点马虎，那一天，男朋友必须穿正装，餐桌上必须有红酒，还要有牛肉……

也正是因为这一番言论，她获得了“纪念日女孩”的头衔。很多人纷纷猜测她为什么会如此重视仪式感。有人解读说是因为她需要仪式感，也有人说是为了浪漫。不能说这些猜测毫无道理，只是在我看来，她真正需要的不是仪式感，而是安全感。

也就是说，她需要仪式感来给自己安全感。

2

安全感是一种感觉、一种心理，是一方的言谈举止带给另一方的踏实感、舒心感和可依靠感。

发小准备结婚了。为了买房、装修，她和男友几乎花光了所有积蓄，在这个过程中，两个人又因为审美和品位的不同，频繁争吵，疲惫至极。发小和我说，感觉结婚实在是一件麻烦事，她甚至不准备挑婚戒，打算随便买一对在婚礼上做做样子算了。

我劝她，不要敷衍自己。婚戒这样具有仪式感的东西，哪怕不是名牌，哪怕没有大钻镶嵌，至少也应该用心挑选。也许有一天，你在生活的鸡毛蒜皮里浸泡，在婚姻的油腻和琐碎里忽然感到疲惫；或者他让你生出失望、让你陷入深刻的自我怀疑，你看一看手上具有仪式感的戒指，才能坚定初心，重新怀揣“执子之手，与子偕老”的美好愿景。

我很喜欢的一句话是这样说的，“你在下午4点钟来，那么从3点钟起，我就开始感到幸福。时间越临近，我就感到越幸福，到了4点钟我就会坐立不安。如果你随便什么时候来，我就不知道在什么时间准备我的心情，仪式能让我觉得某一天某一刻与众不同。”

许多男人总是不懂，为什么两个人心里都已经很清楚明白了，某些事情已经身体力行地做过了，女人却还要计较嘴巴上有没有说出来？他们不明白，对女人而言，那些笃定的语言，那些谈恋爱过程中的仪式感，不仅能满足小小的虚荣心，更能获取安全感。

对于很多女人来说，举办婚礼是一件费时费力还费钱的事情。可是之所以还是要去做这件事情，是因为我们需要一条分界线，来划分过去和将来，告诉自己从此有了一个家，以后要对这个家负责。一场精心准备的婚礼对女人而言意义尤为重大，它能够满足女人的虚荣心，让女人有安全感，寄托女人的感情，更能揭开女人对未来生活的美好期待。

这就是仪式感对女人的重要性。

3

女人对“安全感”的需求绝不是矫情造作，它是一段恋爱关系和夫妻关系的建设基础。那么作为女人，我们要怎样从有仪式感的生活中获得安全感呢?

下面这些建议，或许可以帮助到你。

（1）做一个独立的女人

在马斯洛需求层次理论中，人的需求被分为了生理需求、安全需求、社交需求、尊重需求和自我实现需求。如果说前两种需求是人生存的物质基础，那后三种需求就是人精神上的追求。也就是说，作为女人，我们首先要保证物质基础，即我们必须要有一份收入。经济上不依靠别人，是女人独立的第一步。

鲁迅先生曾说过，出走并不意味着女性真的走上了解放的康庄大道，如果她们没有经济独立，被奴役、被压迫同样存在。一个女人，如果连日常生活都要依靠别人，还谈什么独立呢？

除了要经济独立，作为女人，我们还要学会精神独立，戒掉对他人的依赖，修炼出强大的内心，努力经营自己的生活，让自己成为生活的主角。一个独立的女人，即便离开了男友、丈夫和孩子，依然可以活出精彩的自己。

（2）做一个有目标的女人

漫无目的的生活容易让人迷惘，而一个有目标的女人永远不会迷失自我。目标引领我们前进，也能让我们踏实的过好当下的每一天，这种踏实才是我们内心安全感的重要来源。

除了照顾家庭和孩子，女人更应该倾听自己的心声，拥有自己的追求。只有弄清楚了自己真正想要什么，女人才能更好地为自己而活，并获得真正的安全感。

（3）做一个爱自己的女人

安全感来自女人的内心，能给自己带来真正安全感的那个人，其实是我们自己。作为女人，我们要懂得肯定自己、拥抱自己、爱自己。即便是遇到逆境和挫折，也要相信自己，因为当一个女人能掌控自己、安抚自己时，她才能掌控生活，战胜困难。

女人一定要懂得爱自己，因为从别人身上获得的安全感是不稳定的，只有来自内心的力量才是最可靠、最强大的。爱自己，就是给自己安全感。

（4）女人，要做真正的自己

女人最美的姿态就是做自己。当你学会了与自己相处、与世界和解，才能找到最真实的自我，才能用最积极、最豁达的心态去面对人生，才能明白人生道路中有高峰也有低谷，有相聚也有分离。最重要的是，只有做真正的自己你才能拥有一颗无比强大的内心，和一份勇敢面对生活的安全感。

女人，
需要仪式感来给自己积极的自我暗示

女人需要仪式感来给自己积极的心理暗示，这种暗示能让你无限接近理想的自己。

1

因为受到心理暗示的左右，女人的神经系统往往是没有“立场”的。正如心理学家马尔兹说过的那样：“我们的神经系统是很‘蠢’的，你用肉眼看到件喜悦的事，它就会做出喜悦的反应；看到忧愁的事，它就会做出忧愁的反应。”

在心理学上，人的心理活动被分为了意识活动和潜意识活动两部分。如果说我们能够感受到的意识活动是浮出海面的冰山一角，那么我们感受不到的那部分意识活动就是海面下的冰山。这座冰山便是我们的潜意识，是我们的心理暗示。

换言之，心理暗示的特点全在于一个“暗”字，它常常“不走正门，只走后门”，它总是悄悄地潜入我们的意识里，并对我们的情绪和意识产生深远的影响。

对于女人而言，自我心理暗示都是一种有效的心理调整方法，能产生一定的心理效应。

2

大学毕业那年，我怀着忐忑的心情去世界500强企业华为公司面试。

因为期待，更因为害怕，在接到面试通知时，我紧张得手心冒汗。我一遍一遍地在心里对自己说："我不是985大学毕业，也没有什么出众的才华，他们肯定看不上我的。"

或许是我的潜意识接受了这种消极的心理暗示，在面试的前几天，我吃不下、睡不好，还常常在半夜被遭人拒绝的噩梦惊醒。

正式面试的前一天晚上，我决定为自己举办一场面试前的仪式。于是，洗漱完毕后，我将自己关在房间里，仔仔细细地把第二天面试要穿的衣服熨好，又仔仔细细地挂在衣帽架上，然后坐到沙发上，让身体完全放松，闭上眼睛，平复心情。我在心里一遍遍坚定地告诉自己："我其实是一个很有才华的姑娘，虽然不是985大学毕业，但我工作认真负责，诚实踏实，我值得拥有这份好工作。"

完成了这一切后，我原本焦躁不安的心一点点地平静了下来。那一晚，我睡得很踏实。

第二天一大早，我精心打扮了一番，并郑重地换上了前一晚熨烫好的衣服。临走前，我特意站到穿衣镜前，仔仔细细地打量了自己一番，对着镜子里的自己说：“加油，你一定会被录取的！”

就这样，那一天我自信满满地接受了三场面试，并凭借出色的表现赢得了心仪的职位。

正如爱默生所说的那样：“一个人就是他整天所想的那些。”你想要自己成为什么样的人，就应该在心里将自己想象成什么样的人。在那场求职的厮杀中，平凡学历的我之所以能从众多的优秀应聘者中脱颖而出，凭借的正是我对自己强烈地自我暗示——“我很棒，一定会被华为公司录取的。”

许多时候，我们都需要仪式感来给自己积极地心理暗示。这种暗示会让我们变得更认真、更专注、更有态度，这种暗示能对我们的情绪和生理状态产生良好的影响、调动我们的内在潜能、发挥我们最大的动力，让我们离理想中的自己无限接近。

你所想的，就是你即将成为的。如果你想美好的事，美好的情绪就跟着来；如果你想邪恶的事，邪恶的情绪就会跟着来，如果你习惯想象快乐的事，你的神经系统便会习惯地令你处在一个快乐的情绪中。

这便是仪式感带给我们心理暗示的魔力。

3

中国人重视婚礼。在传统的观念中，两个人真正意义上的结婚，不是从领结婚证开始的，而是从办完婚礼后开始的。也就是说，一个正式的婚礼仪式对于结婚的双方具有重要的心理暗示作用，而婚礼上那些烦琐的仪式过场，那些千奇百怪的闹洞房方式，最初的目的也皆是为了暗示两个人真正走到一起十分不易，接下来的日子要好好对待彼此。

女人重视仪式感，她们需要借助烛光晚餐、钻戒、表白、婚礼等方式去暗示自己这个男人是爱自己的。男人总觉得女人矫情，却不明白仪式感这种神奇的东西，能带给女人强烈的自我暗示，能让女人无比虔诚地去信服。

当你闭上眼睛，将自己想象成一个站在空旷的场地、马上要与另一个人进行生死对决的战士，你脑海中的自己，一定是保持着手持钢刀，把左脚横踩出一步，同时右手握紧刀把，向前虚劈一刀，左手立掌胸前，准备迎敌的武术架势。

事实上，当你煞有介事地做出这个架势，并不会对人造成实质的伤害。那么你为什么还会这么郑重、认真地做这个运作呢？因为你需要一种仪式感，并且借由这种仪式感带给自己一种强烈的暗示。在这种暗示下，你的专注力、反应能力、运动能力会得到迅速地提升。

如果你觉得决斗离你太远，并不是生活中经常出现的，你不愿意去想象，那么你不妨换一个场景，想象一下你曾经经历过很多次地向外抛东西的画面。根据你的经验，想要把东西抛得更远，在抛出物体之前，你是不是会闭上眼睛、深呼吸，然后再睁眼看向远方？事实上，在这一系列的动作中，你的身体、眼睛并不会产生变化，你之所以要做出这些动作，是因为你要通过这个小小的仪式对自己进行心理暗示，让自己的注意力更集中，让自己的五感对周围环境的变化更加敏锐，从而更好地达到预期的效果。

所以，我们需要仪式感的一个重要原因，就是我们需要通过某种自我暗示，让自己更专注、更认真地去对待某件事。

4

毫无疑问，仪式感是可以为我们带来积极的自我暗示的。问题是，在通过仪式感进行积极地自我暗示时，我们应该怎么做、注意哪些事项呢？

相信下面的5个基本原则一定可以帮到你。

（1）自我暗示

在进行自我暗示时，语句一定要简洁有力，如“我一定会幸福”“我一定要完成这项艰巨的任务”。

（2）意向必须积极

这也是最重要的原则。如“我不要受穷”这种消极的意向，会将“自己总是受穷”这个观念印在我们的潜意识里；但倘若我们将这种消极的意向换成“我要越来越富有”的积极意向，就可以达到重新对自己进行自我描述的目的了。

（3）信念坚定、目标明确

暗示的语句一定不能在心理上产生矛盾与抗拒，而是要有相信能成功的可行性。如“我在今年要赚到几十万元”与“我今年之内要赚到五万元”相比，后者可能更适合，因为后者更切实可行，更容易达成。

（4）想象具体的情景

具体而真实的情景才能激励我们的行动和热情，当我们默诵或说出暗示的语句时，一定要通过想象在脑海里清晰地看到自己变成幸福的模样和情景，这种模样和情景越具体、越真实越好。

（5）注入感情，激发热忱

人的意识和行为不仅会受理智的支配，也会受感情的影响，越是富有感情的自我暗示，越能激发潜意识向着积极的方向转变。也就是说，我们的潜意识是依靠我们的思想和感受的协调去运作的，当我们在进行自我暗示、默念暗示的语句时，一定要把感情贯注进去。如当我们想象自己发财致富时，一定要有存款增加、生活丰盛的感受；当我们想象自己幸福快乐时，一定要有浑身是劲、充满活力的感觉。

事实上，能带给自己积极的自我暗示的仪式有许多。如给自己做一顿早餐，暗示自己开启了全新的一天；在失恋时剪掉头发，暗示自己过去的感情随着断发也一并离开了；在生日时认真地许愿吹蜡烛，暗示自己未来的一年一定会更美好幸福……

至于哪一种暗示更适合你，更被需要，全在于你自己的选择。

注重仪式感的女人，总能把事情做得更好

当你用仪式感开启自己精神抖擞的美妙一天，便能享受更多工作的乐趣，便会比别人更有潜能把事情做到尽善尽美。

1

新学期，女儿开始学拉丁舞了。为了和女儿保持同步，我也报了一个拉丁舞培训班。因为学得晚又没有基础，我几乎是所有学员中跳得最不好的，内心很是气馁。坚持了一段时间后，我发现有位女士跳得特别好，动作娴熟，身段优雅，那妖娆的舞步，几乎可以和老师媲美。

于是便对她格外留心。我发现她和其他学员果然很不一样。每次上课，她总是穿一双银色中跟皮底的拉丁舞鞋、一身紧身闪着金色珠片的拉丁舞裙，站在一群穿着随意的人群里，很有跳拉丁舞的仪式感。当拉丁音乐响起来，她妙曼的身体自由地摆动起来，那双又白又直的腿在拉丁舞鞋里灵动地旋转，优美极了。我想，这样到位的动作，若不是从小便开始练习，大概是做不到

的吧。

有一次课间休息，我特意找她聊了两句，才知道她也不过才练了十几堂课而已。她告诉我：“其实拉丁不太难，但是开始之前一定要买一套漂亮的战衣和战鞋，让自己更有信心的同时，暗示自己这是一个学拉丁的仪式，然后你才会更加用心地去跳。”

那次聊天过后，我特意认真观察了其他学员，果不其然，很多人都和我一样，穿着运动鞋和运动装就来跳舞了。还有一些人，为了擦汗，脖子上还会围一条汗巾，滑稽极了。或许正是这样的装配，让我们缺乏了跳拉丁舞的仪式感，在心理上认为自己不过是来玩票的，于是认真不起来，无论怎么跟着老师的拍子都跳得歪歪扭扭。

受到了她的启发后，我也专门为自己购置了一套得体的拉丁服。当我穿上漂亮的衣裙再次上课时，那种感觉真的完全不一样了。

这就是仪式感的魅力，它让我们做事情更有态度，更事半功倍，更懂得享受事情本身。

2

作家林燕妮说，她喜欢用粉色的稿纸写作，那充满梦幻的稿纸上，还要洒上沁人心脾的香水。别人笑她浪费，她却笑言那些温馨的稿子和香水营造出的美好氛围，更能带给她灵感。

我曾经看过一篇林徽因的报道，报道里提到了林徽因每次在夜间作诗前都要做足仪式，认真焚香并插上鲜花，沐浴后穿上一袭白绸睡袍，然后在摇曳的烛光里品诗冥想。我常常想，那首著名的《人间四月天》大约就是在这样浓烈的氛围里诞生的吧。

作为一名职业撰稿人，我在写稿时也有自己的仪式感。每天早上，在打开电脑前，我会拿出精致的茶具，或泡上一壶铁观音，或泡上一壶普洱，或泡上一壶福鼎白茶……我会根据今天写稿的类型来选择自己喝茶的品种。比如，如果我写的是经管类稿件，那么我会泡上一壶普洱，普洱可以清醒头脑，它的浓郁厚重也与经管类稿件相符；如果我写的是励志类稿件，我会给自己泡上一壶铁观音，铁观音的清香优雅，犹如我写励志类稿件的文风。

不管是林燕妮、林徽因，还是我，都是在写作前注重仪式感的人。或许在你心里，会认为这样的仪式感过于矫情。但你却未必明白，正是这份毫不保留的矫情，才证明了我们对生活和工作的热爱与重视。如果一切都是以潦草开始，也势必会以潦草结束。只有重视仪式感的人，才有能力让每件事都成为值得回味的纪念版。

曾经有一个要好的同事很喜欢买花。隔三岔五便会为自己订一束花，有时是玫瑰、有时是雏菊、有时是香水百合。我曾笑她，这么喜欢花，为什么不找个男朋友，让他送呢？她一本正经地回答说："自己订也是一样呀，谁买的不重要，重要的是这些花香能让我工作起来更有激情。"

她的办公桌永远是办公室里最干净、最整洁的，电脑、笔记本、资料文档各就各位，无论是视觉还是嗅觉都给人美的享受。她告诉我，她每天到公司后的第一件事便是整理好桌面、插上鲜花，这是她开始工作前的仪式感。因为这份仪式感，她工作起来总是井井有条，在枯燥和辛苦中，总能寻到许多乐趣。

作为职场战士，朝九晚五的工作的确容易让人产生疲惫感和厌倦感，倘若能为单调枯燥的工作日加一点新鲜的作料，日子或许就不再那么难熬了。当你用仪式感开启自己精神抖擞的美妙一天，便能享受更多工作的乐趣，便会比别人更有潜能把事情做到尽善尽美。

3

玛丽是我很欣赏的一位同事。不久前，她在朋友圈里发了一组沐浴前的九宫格图。照片里的画面十分精致，洒满玫瑰花瓣的浴缸和浴缸边上跳动的香薰蜡烛，让一切都显得浪漫而温馨。并且她在朋友圈里写道：“我每周都会让自己享受一次充满仪式感的沐浴，这是在繁忙的工作里的一缕阳光。”

或许正是因为懂得制造日常里的仪式感，玛丽总是比一般人更懂得有品位地享受生活。不仅如此，她还将这种精致而细腻的作风用到了工作上。她是市场品牌部的主管，每次出现在单位，她总是一袭精致的套装“战袍”，妆容恰到好处，再配上10厘米的高跟鞋，格外有范。穿着的仪式感，让她充满了自信，在谈业务时，遇神杀神、遇佛杀佛，不管对手是男是女，总能凯旋，拿下一笔笔大客户订单。

沐浴时有沐浴的仪式，谈业务时有工作的仪式，从玛丽身上，我看到了生活与工作的泾渭分明，更看到了人生的层次感。

4

广州人特别注重做生意的仪式感，无论店铺或者公司开张，总喜欢搞个舞狮点睛仪式，寓意财源广进，富贵荣华。在广东人眼里，这种仪式是生意开始的里程碑，能带给店主及员工蓬勃向上的力量和踌躇满志的信心。

从广州人身上，我体会到了做事有仪式感的意义：当某件事被仪式赋予了特别的起点和意义后，处于这件事情之中的人就会变得与众不同。也是因为这个原因，那些做事讲究仪式感的人，总是让我有特殊的好感。在我看来，比起那些不重视仪式感的人，他们做事更井井有条，更圆满；他们活得更别致，也更有兴头。

这世上的许多事都是无序而混乱的。一个有仪式感的女人，一定拥有将一切变得更有秩序、更有趣的能力。在纷繁无序的世界里，她们能化解人生的苦涩与艰难，也总能在无涯的黑夜里为自己点一盏灯；她们处理起事情来更有底气和能量，也更得心应手。

或许，这正是她们做的每件事、过的每一天总比别人更精致、更丰盛的原因。

辑二

什么是仪式感

仪式感不需要物质做支撑，
也不是浮于表面的故弄玄虚，
而是一种生活美学，
是一种对生活尊重、敬畏、认真且热爱的态度。
仪式感让你在快节奏的社会中始终保持从容心态，
让平淡的生活拥有更丰富的层次。

仪式感，
让某一天与其他日子不同

仪式感是一种生活美学，它能够使某一刻与其他时刻不同，让你体验今天和昨天的不同。

1

既然仪式感对女人如此重要。那么，究竟什么是仪式感呢？

关于这个问题，我确实无法给你一个确切的答案。其实不光是我，即便你在百度上搜索“什么是仪式感”，也只能搜出童话《小王子》里关于仪式感的含义。那我们先来了解一下这本红极一时的《小王子》一书是如何解释仪式感的。

在法国著名作家圣·埃克苏佩里的童话《小王子》里，小王子驯养了一只等爱的狐狸。第二天，当小王子再次去看望狐狸的时候，狐狸对他说：“你每天最好在相同的时间来，比如说，你下午四点钟来，那么从三点钟起，我就开始感到幸福。时间越临近，我就越感到幸福。到了四点钟的时候，我就会坐立不安，我就会发现幸福的代价。但是，如果你随便什么时候来，我就不知道在什么时候该准备好我的心情……应当有一定的仪式。”

小王子问狐狸：“仪式是什么？”

“这也是经常被遗忘的事情。”狐狸说，“它就是使某一天与其他日子不同，使某一时刻与其他时刻不同。”

小王子和狐狸这段关于仪式感的对话，触动了很多人的心弦。下面，我将从女人的角度来诠释仪式感的含义。

2

婷婷和L是一对恩爱的小情侣。这一天，他们相约去一家颇负盛名的西餐厅吃饭，谁知，拖鞋加大裤衩的L刚走到门口便被服务员礼貌地拦住了。L气愤不已，觉得服务员简直狗眼看人低，而婷婷的耳根却发红了，拉着狼狈不堪的L头也不回地逃离了西餐厅。

吃不了西餐，只好去吃路边摊。偏偏L不依不饶，还在对西餐厅的事耿耿于怀：“出来吃个饭而已，何必穷讲究，有那个时间还不如休息一会儿。”

婷婷的眼里不知不觉便盛满了泪水。为了这次西餐，她准备了很久，在她看来，这不仅是一顿晚餐，更是她对待生活的态度。

每天往返于公司和家，为了方便，婷婷吃得最多的便是肯德基、麦当劳和外卖；为了舒适，几乎每天都以T恤、牛仔裤和运动鞋傍身。一成不变的生活和状态，让婷婷觉得自己的生活毫无质量可言，仿佛吃饭的目的只是为了饱腹，穿衣的目的只是为了出门。而这样的生活，婷婷已经过厌了。她太需要一场浪漫的烛光晚餐来提醒她，她是在生活，而不仅仅是生存。于是，她提前两天订了餐位，满心欢喜地数着日子，出门前还精心装扮了自己。

其实，对于婷婷而言，比品尝美食更重要的，是和L去高级西餐厅吃饭这件事本身，她希望努力去享受这种小小的仪式带给她品味生活的满足满，体验今天与昨天的不同。而L的拖鞋和大裤衩，却让一切化成了泡影。除了委屈和伤心，婷婷实在不知道还能用什么词语来描述自己的心情。

说到底，仪式感就是一种生活美学，它能够使某一刻与其他时刻不同，让我们体验今天和昨天的不同；它能够让我们在做事时养成专注而认真的态度，带给我们归属感、安全感和使命感；它能够告诉我们，自己是在认真地生活，而不是苍白地度日。

没有仪式感的生活，无疑是可怕的。试想一下，一年365天，天天如此，毫无期待，当生活平静得漾不起一丝涟漪时，它也一定会黯淡无光。

3

前不久，一位妈妈连续三个月给孩子做的不重样的早餐在网络上爆红，引得嫉妒一片。而在无数的惊叹和赞美中，也掺杂了一些不和谐的声音。有人“吃不到葡萄说葡萄酸”地认为，这位妈妈肯定是有钱人，生活很清闲，像我们这些普通大众，即便有这份心，也没有时间、金钱和精力。

后来，这位妈妈在网络上公开否认了自己是有钱人的身份，并坦言自己之所以能做出这么多不重样的美味早餐，是因为比其

他人早起床半个小时，多花了许多心思。并且，她还慷慨地在微博上公布了自己的菜谱，希望能帮助到更多愿意为孩子做早餐的父母。

我很喜欢这位妈妈，在我看来，她之所以能做出美味多样的早餐，凭借的正是她对孩子的爱和那份对待生活的仪式感。她的生活态度，值得我们每个女人学习。

在我的身边，也有一群充满了仪式感的女人。好朋友娟子是一位职场达人。每天开车到单位后，她习惯于将车子在停车位上停稳，然后打开音响，闭上眼睛静静地听上10分钟。有时候是喜欢的歌曲，有时候是广播节目，10分钟一到，立马提包下车，精神抖擞地打卡上班。她说，听什么不重要，重要的是那个过程。

另一位好朋友菜菜是一位全职妈妈，每次出门，她那大大的手提包里除了装着孩子的奶粉和纸尿裤，一定会有一套简单的水彩画具，一得空，她便会忙里偷闲地画上几笔。菜菜说，每次翻开画册，在一页页五彩斑斓的图画世界里，她都能清晰地看见平凡生活之上的乌托邦。

每周五，菜菜会准时将孩子送到公婆家，然后换上好看的衣服，化上精致的妆，坐着公交车在热闹的城市里胡乱晃悠，一个人吃饭喝茶看电影，不疾不徐，享受自在的独处时光，仿佛重回单身。

无论是娟子还是菜菜，她们都告诉了我一个道理，女人不管在什么年纪、什么状态，都需要拥有一些时光用来体味幸福、滋养自己。

我们的生活总是平淡无奇，昨天、今天、明天，似乎只是日期的不同。但当我们刻意地去设计一些特殊仪式，便会发觉，一切都变得不一样了，我们与过去的时光，已经做了最好的道别。

4

在弗洛伊德眼里，仪式感是一种白日梦。而我却认为，即便仪式感真是白日梦，那我们也一定要有做梦的样子。

在车水马龙的钢筋水泥森林和人来人往的灯红酒绿里，我们很容易便陷入了某种“睁眼无趣，闭眼无聊”两点一线的死循环，无法找到打破的环节，也没有突破口。这是一个娱乐至死的浮躁时代，有人挣扎着，也有人沉沦着。

有人习惯了早上随便吃点东西当早餐，甚至不吃；有人习惯了很久不洗衣服，直到脏衣服堆成山；有人日复一日重复枯燥无趣的工作，一边干活，一边抱怨；有人一直在忙着，忙着带孩子、忙着加班开会，忙着还贷……忙着生活里的柴米油盐，把所有的纪念日都丢在一边，对所有关心自己或者自己关心的人都视而不见……

他们一边重复着这样的生活，一边欺骗自己平凡可贵，也许偶尔也会做做无关紧要的白日梦，只不过这个梦难免过于舒适、过于枯燥。

这世上的大部分人都过着平静如水的生活，既没有特别的惊喜，也没有惨烈的打击。而有些人之所以可以让平淡的生活变得色彩斑斓，是因为他们善于打破生活的死循环、营造属于自己的仪式感。比如，花一点时间把房间收拾得整齐干净，睡前看一会儿书，休息日和朋友一起逛街旅行，年头年尾时将崭新的台历郑重地放到桌上，新年零点的时候默默告诉自己新的一年一定好好过……

仪式感没有高低贵贱之分，正如一千个读者心里有一千个哈姆雷特那样，每个人心中对于仪式感都有不同的诠释，它是我们对待生活的态度，更是我们对未来的美好期许。

仪式感存在的意义，就是让我们去爱上生活，让生活变得更加有格调，让某一天与其他日子不同。

仪式感，是回忆沉淀下来的幸福味道

仪式感是你过往记忆和现实的连接，你经历的每一个关于人生的仪式，都是记忆里沉淀下来的幸福味道，让你更加热爱自己的生活。

1

每天清晨，我总会在微凉的空气中让身体逐渐从睡眠状态苏醒，然后慢慢睁开眼睛，慢慢起身，5分钟整理床铺，5分钟刷牙洗脸，5分钟考虑今天的穿着搭配，再出门步行5分钟到小区门口的早餐店，点一笼热气腾腾的小笼包，当豆浆的香味在空气中升腾弥漫时，美好的一天便在心满意足中拉开了序幕。这是我的早晨，365天，天天如此。

许多人总是很羡慕我的生活规律，而我却更愿意将这种规律称为仪式感。许多人觉得仪式感是一个矫情的词语，而我却觉得仪式感就是生活的日常习惯。

在我的理解里，仪式感并不是一年去多少远方、打了多少卡，也不是每月初在朋友圈发一句几月你好，它是周而复始的行

为细节，它能够让我更加热爱自己的生活。或者说，仪式感是我过往记忆和现实的连接：我习惯在睡前单曲循环一首歌，是因为歌中承载着过往爱情的回忆；我习惯在晚餐前喝一点点酒，是因为熟悉的口感总能让我忆起曾经的友情岁月，那份交融在味觉中回忆……

在时光的连接下，那些经历过的事，都会反映在现有的生活仪式中。

2

这是一个忙碌而快节奏的时代。有多少女人因为工作，牺牲了吃饭睡觉的时间，牺牲了陪伴家人的时间，通宵达旦的加班，连偶尔放个空都是奢望，更别说营造生活的仪式感了。

又有多少女人努力打拼一辈子，最后落了一身的病痛。即便身体无恙，她们也从来没有享受过生活。年轻时不曾四处走动欣赏不同的风景，年纪大了走不动了，除了账户里那可能会有的一大串数字，任何美好的记忆都没有留下。

我常常想，现如今如此注重仪式感的自己，大约是遗传了妈妈。小时候，尽管日子过得紧紧巴巴，但每逢过年过节，妈妈总会为我添置新衣。因为手头太紧，我听到过很多次爸爸和妈妈商量：“今年就先别买了吧，去年的还能凑合再穿一穿呢。”可妈妈总是倔强地说：“一年到头，再怎么也要让孩子穿上新衣服、新鞋子，这才有个年样啊。”因为有这样一个注重仪式感的妈妈，每一年的新年，我都会穿着新衣，干干净净、整整齐齐地去给亲朋好友拜年，真切地体验着过年的温馨。

妈妈的仪式感，可不仅仅局限于新衣服、新鞋子。临近过年的前一个星期，妈妈便开始着手张罗了。将家里里里外外打扫干净，把喂养了一年的鸡鸭宰杀腌制，炸春卷、炸麻花、炸油条，拜灶神、贴春联、贴窗花，当然还要在花瓶里插上几枝特意去花市买的幽香腊梅。

到了大年三十那天，我会早早起来，然后迫不及待地将手伸到枕头下面，开开心心去拿那个妈妈给我准备的压岁钱红包。和许多孩子收到压岁钱就要上缴不同的是，我的压岁钱可以自由支配。我通常会用它们买一些心心念念的小玩意：几根漂亮的头绳，一些灿烂的烟花，或者几本心爱的小说……美好的一年，便在愿望达成的欢欣鼓舞中开始了。

记得有那么几年，我们常常搬家，可无论搬到哪里，妈妈对待春节的那一套仪式始终没有改变。直到现在，我仍然怀念那时的春节。那种对生活的仪式感，不仅丰盈了我们的生活，也带给了我们对新一年的希望和热情。

3

我出生于阳春三月，每一年的生日，妈妈会在早上为我煮一个鸡蛋，然后在我起床的时候，把鸡蛋在我身上滚一滚，一边滚一边在嘴里念念有词："滚一滚，霉运去；滚一滚，好运来。"中午，她会为我煮一碗长寿面，并且在我吃面时，反复叮嘱我，千万不能把面条咬断，要长长久久。

尽管不像城市里的孩子们那样，过生日有美味漂亮的蛋糕，但妈妈那一年一次、从不落下的生日仪式，让我的每个生日都过得印象深刻。小时候的我，并不觉得有什么特别，直到渐渐长大，并最终离开了妈妈，才发现原来那些看起来有些程序化的仪式，让我的生日变得格外特别。每次当我忆起妈妈，忆起生日，忆起从前的时光，总会感觉无比的幸福。

仔细想想，似乎这些年所有的美好记忆，都和仪式有关。考上大学后，父母为我举行的庆祝宴；男朋友第一次向我告白、求婚；和丈夫简陋的婚礼；女儿出生后为她照的满月照、周岁照……

有这样感觉的人，大约不止我一个吧。在时光的年轮中，我们经历的每一个关于人生的仪式，都是记忆里沉淀下来的幸福味道，都会让我们更加热爱自己的生活。

给生活加点仪式，给日子添一份色彩，总有一天你会发现，过往的美好回忆会赋予我们现在更好的生活。

仪式感，
让你对所在意之事怀有敬畏心

仪式感是对生活的尊重，它提醒我们生命中重要的人和时刻，并从中感受到爱、希望和生生不息的力量。

1

仪式感，大概就是小时候过春节一定要穿上新衣服；仪式感，大概就是新学期开学一定要买一套新的文具用品；仪式感，大概就是见喜欢的人一定要洗好头发、化好妆、搭配好衣服再出门。

其实，仪式感就是把本来单调普通的事情，变得不一样，是让我们对所在意的事情，怀有敬畏心。

演员孙俪曾经在一档节目里讲道，纪念日的时候，邓超会约她出去吃饭，并且特别注重衣着，认为这是一个特殊的日子，需要特殊的仪式。金星也说，10周年纪念日的时候，丈夫会穿着当年他们相遇时穿的西服与她约会，这些生活里的小细节都充满了仪式感。有时候，我们的生活并不是缺少美和庄重，而是缺乏好

好经营的心思。

仪式感是对生活的尊重，它提醒我们关注生命中重要的人和时刻，并让我们从中感受到爱、希望和生生不息的力量。每个人的生活中，都难免会经历迷茫、无序，甚至沉沦，这个时候，不妨慢下脚步，给它加入一点仪式感，感受那份平淡中的庄重和美好。

我们的生活需要仪式，这与矫情无关，而只源于对我们所在意的事情，怀有敬畏心。

2

记得一个牛津大学毕业的著名学者说过她上学的事情：在她上高中的时候，父亲每次接她、送她的前一天，都会认真去洗一次车，而且要洗得非常干净。父亲的洗车行为让她觉得上学有了仪式感，也特别用心。

在我家里有一个不成文的规定：一家人吃饭必须围着桌子一起吃饭，不能看电视，不能一个个东奔西跑。母亲常说：“民以食为天，对于食物我们应该怀有敬畏心理，人家老外吃饭前还要祷告呢，家的意思不就是一家人常常在一起吃饭么。”

家里不管是哪个人过生日，父母必会准备丰盛的菜肴，一家人都要穿上最好的衣服，来庆祝这个特别的节日，像是参加一个重大的仪式。母亲还有一个歪理：连吃饭都不能好好聚在一起的家庭，走不远。

于是，我开始观察身边的几个街坊邻居，居然还真的是母亲说的那样。就拿我家的邻居来说吧，她做完饭就会端着碗跑到外面去和别人聊天，子女是端着碗边看电视边吃，丈夫则端着碗坐在门口台阶上吃。果然，没几日她就和别的男人跑了，过了一段时间又回来了。从此这个家庭一地鸡毛，狼狈不堪，争吵的响声还常常传到了我的家里。

一家人一起认真吃饭，这是我们家里的仪式感，也是父母教会我的对食物、对家人的敬畏。

3

去年年末，和发小在影院看了一场电影《前任3：再见前任》。故事说的是，男主角孟云和女主角林佳因为一件小事争吵，最后冷战闹到了分手的地步。两个人都以为对方会挽留自己，结果谁都没有说出口，最后渐行渐远。全片最戳泪点的情节，在接近尾声的地方，孟云为了放下这段感情，装扮成至尊宝站在街上大喊，最后被保安拖走。林佳为了体面地结束，吃了一箱芒果，导致过敏。这是他们的分手仪式，或许显得有些极端，但因为在乎，所以庄重，所以心怀敬畏。

记得很多年前，堂姐出嫁的那天。一向严肃的伯父在台上致辞，他甚至连普通话都说得不标准，但依旧笨拙地念完那张稿，每一字每一句都念得很认真。台下的宾客，刚开始都是笑嘻嘻地在起哄，后来全都沉默了。因为他们听懂了，那个由父亲一字一句亲手写下，再一字一句亲口念出的过程，叫作：托付。

婚礼后，堂姐对我说，她这一生活到现在，第一次听到她内敛的父亲在众人面前毫无形象地哽咽着，高调赞扬自己的女儿。

如果生命是一场华丽的盛宴，推杯换盏，觥筹交错，一颦一笑，一举一动，都是印记。仪式感不是浮于表面的故弄玄虚，而是要唤醒我们内心对自己、对他人、对生活的敬畏，让我们的人生，更庄重、更特别。

4

王小波说：“一个人只拥有此生此世是不够的，他还应该拥有诗意的世界。”

如果你去过西藏，你会看到那些朝圣的人，他们五体投地双手直伸，起身后走到双手标记处，再次匍匐叩拜。曾经听别人说过这些信徒们认为在一生中至少要磕十万次头，才算得上是虔诚。每一次朝圣，他们日晒雨淋，风餐露宿，手掌、膝盖都早已被磨出了鲜血，可他们内心丰盈，无比坚定。因为，这是他们最重要的仪式，他们在内心求得信仰和安宁。这样诗意的仪式感，让苍白的生活熠熠生辉，映照了心中美好的向往。

比如，电影《走出非洲》的女主角即使在荒蛮的非洲，也会带上一套精致的餐具。

再比如，曾经一位上海的姑娘郭婉莹（戴西），在她50岁之前的生活，可以称之为富足奢华。但在她50岁的时候遭遇了整个家族的没落，她被赶到一个7平方米的亭子间里居住，但她依然会在黑暗狭窄的楼道里用煤球炉子和铝饭盒蒸圣彼得堡风味的蛋糕，用搪瓷缸喝下午茶。

有人说，戴西的精致，是任何困苦际遇也颠扑不破的精致。这种精致来源于对生活的敬畏，这种有格调的人生也是充满了仪式感的人生。

说到底，仪式感就是通过不断地暗示自己，强化精神，将自己的内心和外在的世界相连接，将外界的物质与心中所理解的世界相结合，让自己产生一股强大的力量和一份对生活的敬畏感，它足以让平凡的日子也能散发出迷人的光芒。

什么才是
真正有仪式感的生活

真正的仪式感体现的是你对自己、对生活的一种用心，它能够让你在这个功利的世界里始终保持一份积极和乐观，为你寻找到别样的生活之美。

1

这是一个信息轰炸的时代。每次打开微信朋友圈，五花八门的消息便会络绎不绝地弹出来。各类旅行照、自拍照，虽然看上去很美，但看多了也会感到审美疲劳；各类励志文、暖心文，虽然读起来很有趣，但读多了也会感到阅读疲劳。

当然，也会有一些人的朋友圈我一条也不想错过，比如姗姗。即便姗姗的朋友圈每天都更新，即便是一样的蓝天白云、一样的花草树木，也总是给我一种经久耐看、特别有趣的感觉。

听到我这么评价，你一定会以为她的摄影技术一流吧。事实上，姗姗从未学过摄影，她发在朋友圈里的那些照片也绝非最美，而我之所以珍视，是因为透过她的照片，我可以看见很多生活里的仪式感和日常里的小确幸。

她每次发的照片一定会有个主题，通常使用书名号标注。如《江畔黄昏》夕阳无限好……下面配上几张夕阳西下的照片，让人一看标题就懂了她想要表达的意思。她的照片从来都是3张、6张或9张，整整齐齐地排列着，让人觉得赏心悦目。她每次为照片配的文字，一定应景、应时又应主题，即便是同样的照片，只要是她发出来的，那映入眼帘的效果，一定跟别人发的不一样……

在许多人眼里，有仪式感的生活一定要穿着高贵的礼服、进出高级的西餐厅、喝着好年份的红酒。事实上，平凡生活里的平凡人，也能拥有有仪式感的生活。细碎而又普通的小事在生活里比比皆是，它们同样能给人带来感动和快乐。只要你善于观察、发现并记录，即便是发个朋友圈，也能看出仪式感，也能拥有美感，也能让人觉得特别有趣。

真正的仪式感从来就不需要用物质做支撑，它体现的是你对自己、对生活的一种用心，它能够让你在这个功利的世界里始终保持一份积极和乐观，为你寻找到别样的生活之美。

2

我们身边，总是有一些人敷衍而将就地生活着，他们似乎干什么都没有兴致，总是一副人前风光无限、优雅美丽，人后却蓬头垢面、不修边幅的颓废模样。

在这一方面，罗姐很是不同。35岁仍然还单身的罗姐始终让自己的生活保持着一种仪式感。记得有一个周末，我去她家做客。到了后，她特意嘱咐我，不要见外，想吃什么就去冰箱拿。

我原本以为单身又工作忙碌的她，冰箱里顶多就是一些速食速冻的食品。可是在打开冰箱的那一瞬间，我被满眼的新鲜瓜果和蔬菜震惊了。在冰箱的最下层，我甚至还看见了一碗蟹黄鲜菇，用泰国玫瑰和荷兰芹点缀着，极其漂亮。

我问她：“准备这么多食物，是还有客人要来吗？”

她笑一笑：“没有啊。这些食材都是我平时常备的。”

罗姐说，她喜欢做饭，因为一个人再忙，也不能亏待了自己，尤其不能亏待胃和心情。每天早晨，她会提前一个小时起床，到菜市场买最新鲜的食材，然后给自己准备一份营养丰富的早餐，心满意足地吃完，才去上班；下班回家后，无论多晚多累，她都会洗手做羹，用完餐后休息一会，跳一段健身操，或者看一会书，才会洗漱睡觉。

从罗姐身上，我看到了仪式感真正的模样：即便是一个人生活，也要对自己的生活负责，不懈怠，不放松，不懒惰；即便是一个人生活，也要学会爱自己，买一束鲜花、品一杯美酒或者做一顿可口的饭菜，慰劳自己。

换言之，一个学会了爱自己的人，才能学会爱别人。一个不敷衍自己的人，才不会敷衍生活。

3

论起来，我应该算得上是一个爱书之人。古人看书前要焚香、沐浴、更衣。而我看书时，也会有一些讲究：我不会留长指甲，也不会跷着二郎腿，每看完一本书，我都会认真地写读后感，摘抄印象深刻或者有用的句子。在我看来，我的这些讲究，便是我看书的仪式感，它凝结着我内心对书的珍视，更表达了我对自己的尊重。

前不久，我收到了一位粉丝的邮件。在邮件里，这位姑娘向我诉说了自己的苦恼。爱运动、爱看书、爱做一切有意义事情的她在别人眼里似乎成为了一个不合群并且虚荣的人。当大家相邀打牌的时候，她却要爬山；当大家谈论电视剧的时候，她却在看书；当大家周末去唱歌的时候，她却要去上培训班……久而久之，她便逐渐被大家孤立了。在邮件的末尾，她委屈的问我："我的生活方式，真的错了吗？"

读完邮件后，我沉思了良久。其实我很想告诉这位姑娘，不要被世俗的观念左右，坚持自己的内心才是对生活最好的敬畏。所谓生活的仪式感，不是让一群你不愿深交的人评价你是一个有趣的人，而是坚守内心的准则、过自己想过的日子；所谓生活的仪式感，不是做给别人看的，也不是要让所有人都满意、所有人都称赞，而是自己清楚地知道你所做的一切都是你想要的。

要知道，你如何对待生活，生活就会如何对待你。就如同照镜子一般，你对着镜子笑，镜子里的人就会微笑；你对着镜子哭，镜子里的人就会哭泣。与其将仪式感视为你向别人示好的方式，不如将它视为向自己示好的方式。只有认真做自己的人，才能拥有真正有仪式感的生活。

4

仪式感是一种对生活认真、尊重、敬畏且热爱的态度。出门前一定要略施粉黛，并认真检查自己的着装和仪表；无论何时，始终保持衣着的整洁、干净和清新；即便是去菜市场，也一定不会穿着邋遢、脚踩拖鞋；即便是一个人生活，也不会亏待自己、敷衍自己。这便是认真。

下雨天开车路过泥泞小路时，为防止泥水溅在行人的身上，懂得放慢速度；约会迟到后，一定会礼貌地道一声抱歉；即将走上保洁阿姨刚拖干净的地面时，会在门口跺一跺脚，将鞋上的泥沙去掉；哪怕再忙，也会定期抽时间回家看望父母双亲。这些便是尊重。

对工作时刻保持热情，做事一丝不苟，为了报表上数据的准确，愿意牺牲掉休息时间；即便周围的同事都敷衍了事，也始终坚守信念；遇到含糊不清的事情，愿意花费时间去探索和求知；看到大热天环卫工顶着烈日清扫地面，内心会产生动容。这些便是敬畏。

对于自己喜欢或擅长的事情，愿意坚持；对于有趣或困难的事情，愿意尝试；不管对人还是对事，内心始终保持着一份热情，善于在平淡的生活中找到安慰和放松。这便是热爱。

真正有仪式感的生活是不辜负生命，不辜负自己，更不辜负每一个或甜或淡、或悲或喜的日子，永远怀揣着积极乐观的人生态度。

辑三

生活很『混蛋』，你应对它的姿态要好看

女人，既要拼得了职场，又要 hold 住家庭。

既然生活如此不易，

你为什么不用充满仪式感的姿态，轻松应对它呢？

任生活虐我千百遍，我待生活如初恋。

懂仪式感的女人，

不仅能把生活过得精彩，

也能将自己装扮得神采飞扬，

叫人好生羡慕却又无法嫉妒。

房子是租来的，但生活不是

生活过的是一种仪式感，你有对美好生活的仪式感，再简陋的家也能布置出艺术感。

1

刚刚大学毕业时，经济比较拮据，我住在深圳福田区的一个城中村里。那里的房子都是村民自建的8~12层小楼，一层四户，房间不足30平方米，只有简单的木板床和旧桌椅。楼房下面就是下水道，常年有老鼠出没。

我的家是南方三线城市的一个县城，虽然算不上富裕，但从小也没怎么吃过苦，这样的居住环境是我从未经历过的，但为了生活，为了留在距离梦想最近的地方，我只能委曲求全。

楼道里住的人很杂，有无业游民，有小商贩，也有和我一样的小青年。起初，我只是把这里当成一个睡觉的地方，因为这样的地方实在无法被称之为“家”。我没有给房间购置任何的摆设，就连衣柜也只是在网上买了一个简易的布艺式。晚上下班后，我总是约同学、朋友在外吃饭，逛累了才回去睡觉。

租来的房子，对我而言，不过是一个避免成为无处可归的都市流浪人的暂居地。

后来，我在电梯里认识了住在我楼下的一个叫安然的姑娘。安然和我一样，同是独自在深圳奋斗的姑娘，也住着租来的房子。可她每天都会晒出自己精心制作的食物，那雅致的桌布，精美的餐盘，用心摆放的食物，看起来是那样的美好。偶尔，安然还会把自己新购的摆件、自制小书柜的照片晒出来，赢得一个又一个的赞。

我知道，大家赞的不只是那一件件物品，在琳琅满目的网上，比它们更有趣的东西比比皆是，大家赞的是她对生活的仪式感，因为她曾说过："房子是租来的，但生活不是。无论我们在哪一个城市打拼，无论居住的环境有多么不堪，我们都要让生活变得美好，动一动手，美好尽在眼前。"

2

翻看安然的动态，几乎每天都有出租屋里的生活照。蓝白色的窗帘，静谧而恬淡；淡粉色的床单，温暖而整洁；破旧的小柜被包上了碎花布，变成了小清新式的书柜；布丁瓶里放两束路旁采来的小黄花，处处都散发着生活的希望……

那一刻，我突然意识到，生活原来还可以有另外的样子，它与我们所在的城市、地点无关，与我们所住的房子大小无关，唯一有关的是我们的心，我们选择用什么样的方式去经营。

受到启发，我开始重新设计自己的生活：认真地给出租屋做了大扫除；在征得房东同意的情况下，买了隔板在墙上做成书架和储物空间；把布艺的落满灰尘的衣柜换成了木制的；花了点小钱买了一些有趣的墙贴；又从二手市场买了点便宜实用的小件家具……

在我的打扮下，原来空荡落魄的出租屋，瞬间就变成了温馨的小窝。置身在这个亲手打造的小天地里，我减少了外出游荡的时间，我对这个租来的小房间有了一种归属感。

3

时光如梭，现如今，我有能力住上了更舒适的房子。但即使没有属于我自己的房子，我想我也不会再感到慌张，因为我知道，房子虽然是租来的，可生活不是。

在偌大的城市中，有多少姑娘能够像我一样，穿透物质的外衣，看清生活的实质呢？太多的女人，把对生活的热情投入到了想象的黑洞中，不停地告诉自己“等我有了房子要如何”“等我还完贷款要如何”……在这样的情况下，就连抬起手把厨房水槽里放了几天的碗筷洗干净都懒得做。我们总在想，在心愿实现以前，凑合一下就行了。

事实上，房子是不是租来的，真的不是那么重要。有房子的人很多，但不是每个人都能把房子营造出家的味道，这个世界有房子而不幸福的人到处皆是。说到底，生活过的是一种仪式感。我们有对美好生活的仪式感，再简陋的家也能布置出艺术感。如果没有，即使住上别墅也一样会发牢骚。

不要再说，有了房子、车子我们就会幸福。不要总觉着，真的拥有了那些东西，生活就会大有不同。但谁又知道，到了那时的你，是否对美好生活又有了更高的标准呢？

所以，我们对生活最好的仪式感就是：任生活虐我千百遍，我待生活如初恋。

生活不只是眼前的苟且，还有诗和远方

不完全地否定现在，也不放弃对未知的追求。这才是真正的“不只是眼前的苟且”，而诗和远方，则是建立起对生活保有热情的仪式感。

1

一次偶然的机会，我在新浪微博里看到一句高晓松的名言：生活不只是眼前的苟且，还有诗和远方。这句话在网络上流传开来后，被众多网友玩坏了，其中毒鸡汤的改法是：生活不只是眼前的苟且，还有远方的苟且。

听到这句话，我们的第一种反应也许是感动得无与伦比，大呼以前白活了，现在就要去寻找我们的诗和远方，不再苟且。第二种反应是嗤之以鼻，认为自己出身书香世家，又读了名校，才敢说不需要苟且，不买房，其他人都是站着说话不腰疼。

什么是真正的诗和远方呢？是说走就走的旅行？奋不顾身的爱情？还是更遥远的未来？

对于这句话，我有自己独到的理解。我认为所谓“苟且”不

只是柴米油盐，苟且是已有的知识体系和框架，是需要我们去学习更替的。“不只眼前的苟且”，说明眼前的也是重要的，当我们学习了现有的框架，不被完全拘束住，还可以以这个框架为基础去探索。不完全地否定现在，也不放弃对未知的追求。这才是真正的“不只是眼前的苟且”。

因为高晓松的这句话，我在网络上查阅了一些关于他的资料，我更喜欢脱口秀节目《晓松奇谈》的片头，写出来给大家分享一下：

历史不是镜子，历史是精子，牺牲亿万才有一个活到今天。人生不是故事，人生是事故，摸爬滚打，才不辜负功名尘土。世界不是苟且，世界是远方，行万里路，才能回到内心深处。未来不是岁数，未来是礼物，读万卷书，才看得清皓月繁星。

——据《晓松奇谈》整理

走遍千山万水，才能回到内心深处。表面文艺的背后，不乏生存的智慧。

每个人心里都有一个梦想，我们要做的是不活在任何人设定的框架里，不追随任何人的脚步，而是去寻找到属于自己的诗和远方。

2

关于如何找到属于自己的诗和远方，我有一些自己的方法，说出来与大家分享一下，希望能帮助你找到属于自己的“诗和远方”，建立对生活保有热情的仪式感。

（1）做一个现实基础上的理想主义者

我非常喜欢《涂自强的个人悲伤》这部小说，里面讲述的是普通青年涂自强不停地奋斗，但到最后依然一无所有的故事。按照社会既定的价值观，涂自强虽然付出了很多的努力，但最终也没有实现自己的理想，甚至无法好好养活自己，是个彻彻底底的失败者。

世界如此残酷，我们要早早知道真相——不是所有的努力都能得到回报。所以，我们不能做一个彻底的理想主义者，为了理想抛弃家人和正常的生活。

我从小便有一个写作的梦想，大学毕业后，我并没有去找与文字有关的工作，而是进了华为公司做秘书。但这并不意味着我放弃了自己的梦想，而是我想在保证自己有收入、能够养活自己的情况下，慢慢实现自己的梦想。

我常常利用周末和晚上的时间在网上写作，慢慢提高自己的写作水平。5年后，我的一本小说被出版社的编辑看中，我由此正式走上了写作的道路，实现了自己的梦想。

大家可以思考一下：如果当初我一味地盲目坚持自己的梦想，去寻找与文字有关的工作，或是不工作待在家里只写作，我的生活将是什么样呢？事实上，不用思考，大家也能知道结果。

所以，如果你要让你的生活有诗和远方的仪式感，如果你还保有一份梦想，请不要做理想主义者，请做一个现实的理想主义者。

我希望女人在不丢失理想的同时，先找到一份得以糊口的工作，先保持现世安稳，不挨饿，不受冻，住得舒适一点，逢年过节能给伴侣、家人买上一份礼物，维持起码的尊严。在此基础上，再去修炼自己的梦想。

（2）世界那么大，别老窝在被子里看手机

我喜欢的作家毕淑敏曾经用半生的积蓄40万，环球航行百余天。正如毕淑敏所说："即使现在拥有40万，基本上也不会有人用来看世界，买房子、车子是更实际的做法。"她做了一个形象的比喻，这就像一个老农把自己一手种出来的玉米磨成面、烙成一张饼吃掉一样。

每一年，我会给自己安排至少两个不同地区的深度旅行。比如西藏和丽江。去儿时梦想的校园里走走，喝杯咖啡；去环球影城，沿公路开车旅行；去法国看欧洲杯，巴西看世界杯……这些童年时代就一直在愿望清单上的地方，一一走过。

不去凡尔赛宫看一下，体会不到法国国王曾经的奢华；不从欧洲勃朗峰1005米的高空玻璃栈道上走一趟，很难体会到向前一步的勇气。我们亲眼看到，亲身体会到的东西，和书本上电视上看到的不同，感受更为立体真实。

亲爱的女人，世界那么大，别老窝在被子里看手机。

（3）阅读是内心的救赎

阅读是一种自我拯救，当周遭的世界不太美好的时候，我

们可以借助阅读，在想象中的美好的世界里，安抚和净化自己的内心。

这些年，由于撰稿的需要，我每个月至少要阅读近百本书。有时，为了节约时间，我会用“喜马拉雅”APP在做饭时听书。更有甚时，遇到不知道用何种方式来解决某一个问题时，我会拿起一本书，一边看，一边利用网络和世界各地的朋友谈谈。

就是这些书让我拥有了一个有着强大精神的自我。而支撑诗与远方的恰恰就是强大的精神和自我。没有独立的精神就没有独立的自我，没有独立的自我就不能获得真正的自由，只能是别人思想的附庸。

用最努力的晨光，去映照最年轻的皮囊

努力的意义，是让你的人生，少一些遗憾，让你在平凡的日子里，活得比原来那个自己更好一点。拼命地去努力，不辜负时光，更不辜负自己，这大概才是青春最好的仪式感。

1

堂妹大学毕业后去了乡镇小学教书，工作不忙，算是铁饭碗。可是堂妹并不甘心，总觉得这样安逸舒适的生活一眼就可以望到头，时间久了，便会磨掉生活中所有的棱角，变成温水里的青蛙。她内心还有很多的抱负，还想趁年轻拼一把，去更大的城市、看更多的风景、做更有意义的事情。于是她萌生了辞职考研的念头。

毫无疑问，堂妹的想法遭到了全家人的一致反对，伯父伯母恨铁不成钢地责备她瞎折腾、不务正业，放着好好的安逸工作不做，偏要去追寻那些不确定的东西。

那段时间堂妹非常迷茫，一边是安逸，一边是梦想，她站在人生的十字路口，不知该继续前行还是果断转弯。我劝她说，如果确实对现有的生活不满意，不如遵从自己的本心，跟着自己的期望前进，趁年轻去努力一次，毕竟，青春就是用来奋斗的。后来，堂妹果断地辞了职，独自去北京，在心仪的大学旁边租了一个床铺，白天泡图书馆，晚上挑灯夜读，仿佛回到了高考状态。

上天不会辜负每一个努力的年轻人，一年后，堂妹拿到了那所心仪的国内顶尖大学的研究生录取通知书。再后来，她又凭借自己的努力拿到了斯坦福大学的全额奖学金。现在她在美国，每天依然过着实验室、公寓两点一线的生活，她也是我见过最拼的姑娘。

从堂妹身上，我看到了青春的力量和奋斗的样子。如果当初那个尚显稚嫩的她安于安逸的现状，没有选择用努力的晨光去匹配青春的皮囊，这世上或许就多了一个平凡普通的乡镇教师，而少了一个才华横溢的化学博士。

当然，努力的意义，不在于你一定要取得多大的成就，也不代表就一定会成功。只是让你的人生，少一些遗憾，让你在平凡的日子里，活得比原来那个自己更好一点，让你对生活少一些妥协，让你更有能力保护自己所喜欢的东西，更有底气成为理想中的自己。

拼命地去努力，不辜负时光，更不辜负自己，这大概才是青春最好的仪式感。

2

微博上曾经发起过这样一个话题：年轻时，为什么要努力？答案五花八门。有人说，是为了在点餐的时候，不看价格先找自己想吃的；在累成狗的时候，随意打个车就回家；在旅游和外出时，住宾馆而不是旅馆。也有人说，是为了让父母老有所依，让孩子不输在起跑线上，让自己过更好的生活……

在别人眼里，我是一个十足的工作狂，为了赶稿，常常凌晨四五点钟就起来，节假日也不休。我也曾问过自己，为什么要这么拼命，为什么不能换一种更轻松的生活？毕竟这世上，敷衍一下工作、应付一下老板、对付一下客户、偶尔偷懒迟个到的人比比皆是，有这样想法的人，也大有人在。

后来我想明白了，那些所谓的不同的、更轻松的生活方式，本质上来讲，都是平庸的生活，都会让我们的人生，失去翻身的机会。我不愿意为了享受一时的轻松，让最容易快速成长的青春时光轻易荒废，我更不愿意自己30岁以后，还要坐最便宜的公交车，逛最便宜的菜市场，吃最便宜的饭菜……

生活是需要一些仪式感的，才不辜负青春一场。而我的仪式感，就是渴望更好的生活，渴望不一样的视野，渴望强大的生存能力，也渴望更完美的自己。于是，我心甘情愿地选择用最努力的晨光，去匹配最年轻的皮囊，在精力最旺盛的青春里，拼命工作。

正所谓，“少壮不努力，老大徒伤悲。”努力是青春最好的仪式感，年轻的时光，从来匆匆不可逆，它是世间最宝贵的财富，也是自我增值的土壤。

3

经常会在朋友圈看到这样的抱怨：我不想把年轻的时光，都浪费在工作上，我要把生命，浪费在美好的事物上。这句话读起来确实很美，源于著名财经作家吴晓波老师的一本书，字字透着一个父亲对女儿的爱，更表达了一位成功人士活了大半辈子之后的追求。

再对比一下写下这句话的涉世未深、能力尚浅、毫无建树的那些女人，她们未必都有孩子，她们未必都是所谓的成功人士、有自己的上市公司，她们更未必都走过了半辈子的时光。当她们写下这句话的时候，无非是抱着“见到别人牛气就眼馋，轮到自己吃苦就抱怨”的心态。可怕的是，她们并不知道，努力才是年轻最好的选择。更可怕的是，当她们在抱怨和停滞不前的时候，那些比她们更优秀、拥有更多资源的人早就走在了前面。

我的好朋友媛媛是一个不折不扣的富二代，大学毕业后，她拒绝了家人的安排，选择了到专业对口的某大型国企工作。刚毕业那年，她便被安排到一个县城上班，筹备全国呼叫中心。

当然，那种筹备和我们想象中的穿着西装白领、汇报PPT方案的情景并不一样，她需要一个人搞定施工图纸、项目预算、项目推进、当地合作等等，各种事宜。更要命的是，她去的是一个著名的贫困县，大夏天的没有空调，常常被蚊子咬得全身是包，从一个村到另一个村有时候需要翻几座山。这样的境况，一般的普通人都难以忍受，更何况是从小养尊处优的媛媛。但媛媛最终坚持了下来，那个项目后来做得很漂亮。

提起那段经历的时候媛媛说：“我知道机会来之不易，要想不依附家人走自己想走的路，过自己想过的生活，就必须努力。青春本来就是用来吃苦的，要是没有那一年的苦，又怎么会有我如今的甜呢？”

“年轻”是一个美好的词语，是人生中非常重要的一个阶段，在这个阶段，我们奋斗自己的事业，我们建立自己的家庭，我们完成人生最关键的必修课，我们为自己的未来定下基调，我们让自己活得更有仪式感。

如果你想要过和别人不一样的生活，就要付出和别人不一样的代价。

4

前段时间和一位姑娘聊天，自考毕业的她，没有拿到毕业证，今年六月，学校不让住了，她四处求职，面试无数次找到了一份快消品销售工作，但做了3天便辞职了。在朋友的出租房窝了半个月，又找了份保健品的销售工作，结果不到7天又辞职了。她告诉我，感觉人生太迷茫，不知道未来的路要怎么走。

我问她，为什么不安心做下去呢？踏入社会的第一份工作，最重要的是积攒经验，理应认真对待。她略带愤恨地抱怨，工作的环境差，时间又长，顶着烈日还要在外面跑，和自己理想的工作差距太远了。她说，以后要月薪过万，要努力赚钱，争取给爸妈买个房子，这是她的追求。

其实我很想告诉她，这些追求固然是好的，可是如果她一直这样，比起工作，更愿意躲在宿舍玩游戏；比起在烈日下奔走，更愿意待在空调房里追剧刷微博。那么她的追求，将永远都只是虚幻的泡影。

蔡康永说："15岁觉得游泳难，放弃游泳，到18岁遇到一个你喜欢的人约你去游泳，你只好说'我不会耶'。18岁觉得英文难，放弃英文，28岁出现一个很棒但要会英文的工作，你只好说'我不会耶'。人生前期越嫌麻烦，越懒得学，后来就越可能错过让你动心的人和事，错过新风景。"

所以，我想问：亲爱的女人，你凭什么不努力还什么都想要？

自律的女人，幸福迷人地位稳

自律，可以让你在“混蛋”的生活里，拥有光芒四射的才华，将其她混沌度日的女人远远甩在身后，它让你在成功的路上，越走越顺畅。

1

某日，高中同学聚会，我见到了大半年未见的好友佳慧。我发现，她比之前更漂亮、更年轻了，红润的脸色，苗条的身材，举手投足之间，很有一股清新自信的气质。

我向她打听保养的秘籍，她笑了笑说道：“哪有什么保养的秘籍，只是这段时间生活比较自律罢了。”据她说，每天她晚上11点钟就睡觉，早上5点30分就起床，然后晨跑，吃早饭，再去上班。间隔一天，去一次健身房，跑跑步、游游泳、练练瑜伽、做做操。每周，她还会坚持看两本书。

我看着逆生长的佳慧，不禁感叹：原来自律真的会让人更美好。

事实上，我也算是一个非常自律的人。不管春夏秋冬，我每天早上5:30准时起床，洗漱完毕后，喝一杯温盐水，便坐在电脑前开始写稿；7点开始给阳台的月季浇水、修剪；吃完早餐后，泡一壶好茶，伴随着茶香在电脑上敲出文字；每工作1小时，不管多忙，起来活动10分钟，每天晚上10点准时入睡，睡前喝一杯蜂蜜……

许多朋友笑我过着佛系的生活，觉得这样少了很多乐趣，甚至有人劝我，人生苦短，何必那么苦苦约束自己呢。可我却自得其乐。自我管理让我拥有了好皮囊，努力上进让我获得了职业上的好口碑，内外修炼让我拥有了好气质；自律还让我获得了更深层次的幸福，何乐而不为呢？你有多自律，就有多幸福。而自律，对于我来说，就是应对混蛋生活的仪式感。

米开朗基罗说：“如果你知道我是多么自律的工作换来了我的成就，似乎也就没什么了不起的。”

钢琴家弗拉基米尔说：“一天不练琴，自己会意识到我的退步；两天不练，妻子会发觉我的退步；如果三天不练，全世界都会知道我的退步。”

说到底，要感谢那些融入血液里的自律，它让我们于混蛋的生活里，拥有光芒四射的才华，将其他混沌度日的人远远甩在身后；它让我们在成功的路上，越走越顺畅。

一个真正自律的女人，才能拥有幸福美好的生活。

2

自律决定了一个女人在事业上的成就。孙俪被粉丝们亲切地称呼为“娘娘”，虽然她出产不高，一两年才出一部新戏，但部部精品。我也很喜欢她的戏，也常常翻阅她的微博。我发现，她简直就是行走的养生指南和励志鸡血。

她坚持练习了12年的瑜伽，还在教练的指导下练习普拉提；她跟着二十四节气用木桶泡脚，拍戏化妆用热毛巾清洁毛孔；长痘后她会马上喝盐水食疗，怀孕后每天都吃一勺芝麻核桃粉……

孙俪对自己的要求近乎苛刻。她曾在一期访谈节目里谈到，她的生活十分规律，每天晚上10点前会准时睡觉，从不熬夜，第二天6点就早早起床，洗漱完毕后开始锻炼身体，然后看剧本。在好朋友俞白眉眼里，孙俪过着苦行僧一般的生活，白菜豆腐古佛青灯不断轮回。但就是这种自律，让她像一个不间断电源一样，稳定地输出高质量的表演，于是观众们才看到了精彩的《甄嬛传》《那年花开月正圆》《芈月传》等电视剧。

娱乐圈似乎从来就不缺乏自律的女人。为了保持身材，杨丽萍的午餐只吃片一牛肉，一个鸡蛋，半个苹果。有人问她，不饿吗？她淡然一笑：我的热量够了，你看我在舞台上也没有摔倒过。

世界小姐张梓琳在接受记者采访时被问道：“你无论是出席任何场合还是日常生活都保持挺拔的姿态，不累吗？”她答：“习惯了。”

那些原本就已经足够美好的女人尚且能严格要求自己，过自律的生活，平凡如你我，又有什么不能呢？

南怀瑾说：“能够控制自己的人，方可控制人生。”归根到底，所有的自律，都是为了未来更好的自己。

3

问题是，我们明明知道自律的人生才能拥有幸福，为什么大多数人却做不到呢？美国著名心理专家凯利·麦格尼格尔博士曾经写过一本叫《自控力》的书，书中提道：人性有懒惰的一面。大多数人喜欢接受即时快感，而不习惯先通过一段时间的坚持自律，去拥有更深沉的长时间的快感。

社会科技的进步在改变生活方式的同时，也创造了越来越多的可以提供即时快感的事物。这便造成了如今这个浮躁而快节奏的时代，充满了即时快感的诱惑。对于大多数女人而言，玩抖音和快手比读一本需要深度思考的书更容易获得即时快感；吃薯条喝可乐比需要自己精心在家做一顿晚餐更容易获得即时快感……于是，做一个长期自律的女人就变得越来越难。

除此之外，另一个重要的原因是坚持自律在短期内并不能看到明显的效果。你坚持早睡一两天，并不会立马变漂亮；你坚持不吃垃圾食品一两天，并不会立马瘦身成功……更何况，坚持早睡的初期，似乎失去了夜生活的精彩；坚持不吃垃圾食品，似乎失去了短时间的口腹刺激……于是，许多人内心的天平失衡了，自律的退堂鼓越打越响。

只是你不知道，自律一旦长期坚持下来，生命便会以更丰盛的礼物回馈你。

4

既然知道了自律的女人能拥有幸福的生活，那么，如何才能坚持自律呢？

（1）自律的人勇于承担责任

“上班这么累了，下班哪还有时间学习”“休息好了才能更高效率的工作，我先去看个综艺节目休息一下”“胖怎么了，敢于接受自己的缺点才是真女人，爱你的人不管你什么样都会爱你的，我才不去健身房找罪受呢”……生活中，总是有许多人会为自己的不自律找各种借口。

固然，找借口的感觉很爽，也能够让我们暂时躲避不想面对的“痛苦”。可是不管你如何躲避，那些“痛苦”就摆在那里，你堆积了一身的肥肉、荒废的时间、没有进步的成长和无法成熟的心智等，它们不会因为你躲避或害怕就消失不见。

一个自律的人首先要敢于承担责任和面对痛苦。要相信，这些痛苦都是短暂的，只要你有一颗自律的心和一份自律的勇气，总有一天你可以战胜它。

（2）制定目标，分解任务

不清楚自己想做什么、有什么样的目标，也是许多人做不到自律的重要原因。事实上，我们每个人心里都有目标，只是有些目标在目前看来过于遥远，被我们忽视了。此时，对目标进行分解就十分必要。

例如，想赚更多的钱，想要拥有好的身体，想找到合适的另一半等，这些都是看起来虚无缥缈的大目标。而要想让它们真正落地，就需要将它们转化成一个个具体的、可落实的小目标。

以赚很多钱这个大目标为例，要实现这个目标，就需要努力工作学习，不断打磨自己的技能。为了做到这一点，可以将赚钱这个大目标分解为用两个月时间看4本市场方向的书籍，花一年学习PPT制作，成为公司里PPT做得最好的等具体可实施的小目标。

小目标确定后，我们还要将每一个小目标再分解到每天做什么，每做完一项，就划掉，做到当日事当日毕。

（3）不沉迷于杀时间的电子消遣，坚持锻炼身体

在工作和学习的时候，努力做到心无旁骛，提高自己的注意力和完成效率。当感觉什么都不想做，什么都想不清楚的时候，不妨去锻炼身体。因为好的身体是革命的本钱，能够帮助我们在学习或工作的时候，更有激情和保障。

哲学家康德说："所谓自由，不是随心所欲，而是自我主宰。"

与其羡慕别人的光彩，不如牺牲自我享受的时间，努力让自己变得充满光彩。如果你想改变平庸的自己，就必须学会自律。当然，每一种让人变好的选择背后，都暗藏着痛苦，如果你无法戒除令人着迷的享受，那你就永远无法站到舞台的聚光灯下。

上帝不会辜负每一个努力生活的人，你的每一份自律和坚持，都会开花结果。

掌控人生的姑娘，从不活在修图美化里

真正的马甲线，背后都是挥汗如雨；真正的陶瓷肌，背后都是细致地调理和养护，能够掌控生活的姑娘，从不活在修图美化过的人生蓝图里。我们最后过上的，都是与自己的努力和能力相匹配的生活。

1

曾经，我以为当“女神”就是靠天赋，那些顾盼生姿的漂亮姑娘，都是上帝的大笔一挥、轻轻写就的精致礼物。直到遇见了小茹。

小茹是一个肤白貌美、身材妙曼的年轻姑娘。她柔顺谦逊，见人总是一脸微笑，遇事却坚定果敢，魄力惊人。每天，她踩着高跟鞋、穿着职业装、青春昂扬地走进写字楼，包和化妆品都很昂贵，却从来不在社交网络上拐弯抹角地晒。在那个企图心和欲望都太容易膨胀的年纪，她很难得的活得低调、内敛而优雅。

我很喜欢她身上那份藏不住的美，以为这一切都是浑然天成。熟识了之后才知道，这些全方位无死角的美，这些花好月圆

的味道，全是经营的结果。

高中时小茹生了场大病，因为服用激素，整个人胖成了一个球。病好后她逼着自己减肥，在那些学业紧张的日子里，一边啃书，一边锻炼，每天只吃简单的饭菜和水果，坚持不吃肉。而同龄的姑娘们喜欢的蛋糕、奶茶、烤串和雪糕，在她眼里全是空气。

就这样坚持了一年多，她将气球一样的自己，变成了一根好看的竹竿。但这才是刚刚开始。上大学前，她开始买时尚的少女杂志，在多次的尝试中找到了适合自己的妆容和搭配，她对自己的要求严格到不放过一根头发和指甲。大学的课程不再那么紧张，业余时间她练瑜伽、泡图书馆、旅游，不断地充实自己，丰富自己。

从小茹身上，我看到了一个“女神”的养成记。我渐渐明白，“女神”的精致，其实都是经营而来，别人所看到的细腰肤白、优雅大方，除了极少数的天生宠儿，哪个不是咬牙坚持、用汗水和辛劳换来的？

真正的马甲线，背后都是挥汗如雨；真正的陶瓷肌，背后都是细致地调理和养护，能够掌控生活的姑娘，从不活在修图美化过的人生蓝图里。

2

与其说精致是一种天赋，不如说是一种生活态度和仪式感。我认识的一位妈妈，长相一般，但她努力上进、热爱生活，工作之余总是抽时间读书、插花、研究美食和时尚，每次见到她，举手投足里流露出的那种气质，总是让同为人母的我自惭形秽，忍不住在心里称叹一声“女神”。

女人的美丽不止表现在五官，更来源于自制与努力，来源于对人生的掌控。

前不久，大学时的好友芝兰结婚了。新郎仪表不凡，深情款款，和白皙粉润的芝兰站在一起，真是一对璧人。婚礼办得很热闹，大家闹着要他们说出恋爱的过程，芝兰一脸娇羞，新郎倒是利落大方：“我们是在行业的交流会上认识的，第一眼，芝兰就深深吸引了我，我见过许多漂亮的女孩，也见过很多努力的女孩，但很少见长得这么漂亮还这么努力的女孩……”

才貌出众的兰芝在大学时就是众多男生心中的“女神”。毕业后顺利进入了一家心仪的大公司，没用多久就做到了管理层的位置，现在又嫁了一个温柔多金的男人，实在是让人艳羡。婚礼上，不少女人都在感叹：“真好命啊！上天真不公平！”

我在心里笑笑，真的是命好吗？或许大家只看到了芝兰如今的光鲜亮丽，却没有看见她背后付出的努力。

芝兰生长在一个单亲家庭。在别人还在爸爸怀里撒娇的年纪，她却早早学会了替妈妈分担家务。明明可以靠脸吃饭的她，却选择了靠努力。她从小学习刻苦，成绩优异，很少让妈妈操心，上大学后，当同学们男男女女纷纷牵手于校园时，她却不眠不休地泡在图书馆里，每次考试都是专业成绩第一。

除了刻苦学习，她还会积极地参加各种有益的校园活动，各种证书更是考了一堆。正是因为这种努力，这种锻造，才会使得她在就业招聘会上脱颖而出，顺利地进入了心仪的大公司。

踏入职场后，她的这种努力，依然没有松懈。工作中，别人不愿做的苦差事，她总是毫无怨言的接下，一步一步，由一个底层员工，做到了高层管理的位置，并在一次行业交流会中，认识了现在的老公。

你看，每一位幸运“女神”的背后，其实都有一部奋斗史。

3

前不久，我老公的单位招聘，因为专业对口，一个远房亲戚找到我，希望我帮她毕业已经三年的女儿引荐引荐。

我联系了这位姑娘，请她发一份简历给我，并给她发了一份商务资料，让她做成PPT，算是考验一下她的能力。姑娘很积极，第二天就做好发给我了。打开PPT的那一瞬间，我差点一口血喷到屏幕上，我给姑娘的是一份图书介绍，她配了花里胡哨的卡通背景，做了画蛇添足的特效，还有几处明显的错别字，那些五颜六色的气球和被拉得变了形的字，实在让我很难想象，这是一位做了三年文员的人完成的PPT。

我又翻了翻姑娘的微信朋友圈。说实话，姑娘生得很美，圆圆的脸，笑起来有两个甜甜的酒窝，整个人洋溢着青春的热情。

姑娘似乎是在做代购，有时候卖面膜，有时候卖彩妆，有时候又卖保健品，朋友圈的内容，大多都是“集赞可免费领取套装”“转发朋友圈可体验最新韩式美甲”等。偶尔有几条不是推销的朋友圈，也全部都是千篇一律的放大了眼睛、磨白了皮肤、拉长了比例的美颜自拍，再配上下面的文字：阳光不错哦，心情真好（嘟嘟嘴、眯眯眼、剪刀手）；换了个新发型，好看吗？（嘟嘟嘴、剪刀手、萌表情）；这家炸鸡超级美味！（吐舌头、剪刀手、傻白甜状）；不开心，没心情，怎么破？（鼓腮帮、哭泣状、幽怨眼神）……

翻了几页，我实在没兴趣再了解下去。后来，我委婉地拒绝了那位亲戚，并给姑娘去了一条微信：去学习，多积累，至少掌握一门过硬的技能。

4

如果一个毕业了三年的姑娘，没有完整读过一本书，却能一集不落的看完一部青春偶像剧；如果一个刚刚进入职场的新人，心思不在工作上，每天却要花两三个小时逛淘宝；更新最频繁的就是衣服手机男朋友，即便她生得再美，即便她的人生开了一个好头，也不一定能笑到最后。

事实上，我说的也是曾经的自己。二十多岁时，我也是一个追求表面繁荣的姑娘，将全部的心思都放在哪个商场周末打折，下班后要和同事去吃点什么，大波浪好看还是直发好看等事上。那时候还没有美图秀秀，更没有美颜相机，Photoshop才是王道。所以我自学了Photoshop，总是用蹩脚的技术处理自己的照片，修整大饼脸，抹掉黑眼圈，并且自我感觉良好，总觉得用Photoshop修饰后的自己就是真正的“女神”。

时代在发展。现如今，美颜软件和美颜模式的出现，让我曾经尝试过的一切变得更简单、更快捷、效果更好了。拍完照，一个“一键美颜”的按钮就能将十几年流失的胶原蛋白全补回来了。只可惜我已经过了玩这些的年纪，变得不再那么热情。或者说，我明白了女人真正的美，不是照片里的修饰，也不是浅表的脸蛋美，而是根植在岁月里的那份努力和坚持，是由内而外散发出的优雅气质。

不得不说，美颜的高科技，实现了我们的“照花前后镜，花面交相映”，让我们轻轻松松便可以变得美不胜收。只是沉醉过后，生活这面真实的镜子，终究会将得意忘形的我们打回原形，让一切虚幻的美好变成幻影。

要知道，比起脸上的痘斑、腰间的赘肉、粗短的小腿，更让我们不堪的应该是见识的浅薄，能力的短缺，格局的狭促，思维的刻板和视野的局限。

朋友圈可以容忍我们修饰过的照片，生活却不会容忍我们长久地自欺欺人。既然知道公主系蓬蓬裙能掩饰扁平臀打造S型，就该知道过硬的一技之长能弥补能力短板；既然知道超高防水台能拉长视线营造大长腿，就该知道用实力做铠甲去面对竞争厮杀。

女人必须明白，唯有腹有诗书，才能气自华。时间这台精准的仪式，会分毫不差地记录我们的努力和付出，衡量我们的底子和实力，测算我们的份量和价值。我们未来会有怎样的生活，呈现怎样的模样，凭借的全是这些分量和价值。

辑四

能一个人精彩，才能与全世界相爱

一个人的生活是一种试炼，
考验的是你与自己相处的能力，
也能留给你更多思考的时间和空间，
让你更好地与自己对话，
更清醒地认识自己、了解自己，
从而寻求更适合自己的生活方式。
过好一个人的精彩，便能与全世界相爱。
你无法享受一人独处的快乐，
就无法感知两人相守的美好。

低质量的婚姻，不如高质量的独身

单身最好的仪式感就是把自己安排好，以最好的姿态迎接爱情的到来。

1

我有两个非常要好的朋友，虽然都是“大龄剩女”，但她们对待婚姻的态度却截然不同。

小芳自从迈入30岁后，就变成了一个不折不扣的“恨嫁族”。每天除了相亲，就是向身边的人讨教婚姻和持家之道，真可谓万事俱备，唯缺老公。

起初，小芳对另一半有着清晰的标准，从生肖星座到身高体重，然后是言谈举止、职业发展、家庭背景、性格品行，等等。她都能如数家珍，细细道来，对她在择偶方面的理性和客观，我一度非常赞赏。然而自从她过了30岁，我发现她是真的急了。她告诉我，女孩到了这个年纪，如果还没有结婚，身边的人总会带着异样的眼光看她，似乎她就像超市里不新鲜的青菜，即使有人买还得挑三拣四的。看着身边的朋友陆续脱单，纷纷走进婚姻的殿堂，小芳越来越慌。她开始降低自己的标准，希望在35岁之前一定要把自己嫁出去。

有一天，小芳约我，告诉我她要结婚了。我惊呼：“速度如此之快？都没听你说过谈恋爱的事，以为你还在相亲呢。话说回来，你跟谁结婚？”

小芳告诉我，这位结婚对象，在她相亲的近100个人中，算是比较适合的。有些人虽然和小芳合得来，但没有经济基础；有些人条件不错，却看不上她；这位虽然年长小芳12岁，但有房有车，虽然离异，但没有负担，其他方面虽然感觉一般，但还算不上讨厌，所以小芳就决定跟他结婚了。

听完小芳的叙述，我问她：“你爱他吗？”小芳看了我一眼，无奈地摇了摇头：“这年头，哪有什么爱不爱的？我只想快点找个人结婚，爱不爱以后再说吧。也许，我们以后会培养出爱情。”

看到她眼中的闪烁，想到她原来坚持寻找真爱的决心，如今却败在年龄的面前。作为朋友，我握着她的手说：“你为何不再等等，找到合适的、喜欢的他，然后一起努力，共同去创建一个美满幸福的家庭呢？”

小芳眼神闪躲地告诉我，她不想再等下去了，她感觉自己已经耗不起了，她不想成为别人眼中异样的剩女。她做好了最坏的打算，那就是万一合不来，则用离婚来解决。

2

小芳是个说一不二的人，他们的婚礼办得很热闹，一对新人看起来很幸福，我只能祝她“新婚快乐”了。

一年过后的一天，小芳打电话告诉我，她离婚了。原因是丈夫是个表里不一的人，在外面待人和气、温驯有礼，在家里却对她大呼小叫，从不做家务，更不会体贴人，生活习惯极其不好，她实在难以忍受，而对方也受不了她的吹毛求疵，他俩跟结婚一样果断，做好财产分割，仅花9元钱就迅速办妥了离婚手续，和平地分了手。

小芳说她没想到不合适的婚姻比单身生活更让她感到痛苦，真是喝口凉开水都会塞牙，现在终于又回到了单身生活，她感觉特别安宁。不过这一次，她成了一名离异的“剩女”。

硬将两个不相关的人绑在一起，将婚姻的幸福寄希望于婚后的磨合上，那这场婚姻十有八九是不幸福的，还会白白耽误了别人。

在我的身边，像小芳这样的并非个例。我经常看到好多女人，年纪到了30岁就乱了阵脚，着急结婚。有的姑娘，连恋爱都没谈，就匆匆忙忙地把自己嫁了出去。有的姑娘，甚至连对方长什么样都没看清，就跟对方结了婚。这样的婚姻，几乎与幸福无缘。

婚姻不是打扑克牌，重新洗牌需要付出巨大的代价。我们每一个人，不管年龄多大，家人怎么催促，都要慎重地对待婚姻。有时，单身反而会让我们拥有一种自信和诚实。

3

我的另一位朋友盈盈，她曾是一名“骨灰级剩女”。面对家人和亲友的不断催婚，盈盈只是笑着对家人说：“不要急嘛，我会努力的。”

她说她等待了这么多年，就是想找到一个合适的人，不想将就，到了现在这个年纪，更不想凑合委屈自己。盈盈最常说的一句话是：单身最好的仪式感就是把自己安排好，以最好的姿态迎接爱情的到来。

在没有爱情的世界里，盈盈把自己的生活安排得丰富多彩。对待工作努力认真，在业余时间不是学习充电，就是做一些自己感兴趣的事情。对她来说，谈恋爱、结婚是生活中很美好的一件事，但也不是生活的全部，她想让自己每天都过得充实、开心，她相信有一天爱情一定会水到渠成。

幸运的盈盈在35岁那年终于等来了她的“白马王子”，对方是一位博士后，学成后在一家军工企业做科研，儒雅内敛，彬彬有礼，盈盈说他有80%的特征都符合她的择偶标准，最重要的是他们有着相似的价值观、生活习惯和兴趣爱好。在谈了一年多的恋爱后，盈盈结婚了。婚后，俩人恩爱有加、相敬如宾，过上了幸福和谐的家庭生活。

盈盈在高质量的单身中努力活出自己想要的样子，才能遇见更高质量的婚姻。所以，亲爱的姑娘，当你还是单身时，当你还没有遇到爱情时，请保持自己单身的仪式感，让自己活得精彩，变得优秀，以最好的姿态迎接爱情。

与其在低质量的恋爱中消耗青春，还不如选择一个人独处，学习一些技艺，哪怕养花、品茶、学习英语，研究面膜和护肤，总之做些自己感兴趣的事情，让自己变得更好就没有对不起流逝的光阴。

当你还没有找到另一半时，正是可以用来提升自己的时候。找一份自己喜欢的工作，可以挣钱养活自己；掌握生活的技巧，让自己变得独立；花时间和精力去健身，保持健康和好身材；去旅行，去开阔眼界；去学习，去增长知识；去社交，去认识新朋友……

当你真的这样做了，你还用担心找不到那个能与你共度一生的人吗？

能享受一个人的晚饭，也能做两个人的早餐

你不来，我等着你，等待的同时，好好修炼自己、努力提高自己；你来了，我迎接你，以自己最好的姿态。这便是从单身过渡到恋爱，最好的仪式感。

1

我曾经有过很长一段时间的单身生活。刚开始的时候，总是过得很对付。租着简陋的房间，每天下班后，随便一点路边摊就打发了。不上班的日子，常常一觉睡到中午，掀开被子起床，然后随便吃个泡面或者蛋炒饭，不洗脸、穿着睡衣在家宅一天，追剧看小说，或者什么也不做。

慢慢地就觉得这样的日子很对不起自己。生活本来就已经很辛苦，如果再将日子过得这么敷衍，又怎么对得起在这花花世界，骄傲地走一遭？

后来，我便慢慢地开始改变了。起床后一定要叠被子，忙碌一天即便再累，也会给自己做一顿营养的晚餐。不管多忙，一定要留一点时间锻炼或看书，隔三岔五敷一片面膜；节假日，即便一个人待着，也会做一些有意义的事情，逛超市买新鲜的蔬果，将冰箱填满；就着午后的阳光泡一杯清茶饶有兴致地看书，沉浸在色彩斑斓的书香世界；做一顿丰盛的午餐，偶尔奢侈一下煎个牛排配红酒，犒劳寡淡了一周的胃；傍晚去附近的公园散步，呼吸新鲜空气，或者约上一两个要好的同事逛逛街，在嬉笑中放松紧绷的神经。

一个人生活，以前无法静下心来做的事情，慢慢去尝试，时间久了，竟发现浮躁的心都变得温润豁达起来。

单身的那些年里，我搬过三次家。每换一个地方，我都会用心装扮。把房间打扫得干干净净，不放过任何一个角落。如果觉得墙面不喜欢就买一些漂亮的墙纸。在网络上淘回喜欢的窗帘和桌布。哪怕空间再小，也一定要摆几盆绿植。偶尔下班在夜市买一束鲜花，插在透明精致的玻璃瓶子里，整个房间顿时便有了生气。

印象很深的是有一次在宜家看到一张舒适的沙发，喜欢极了，当即付款带回家。后来这张沙发陪了我许多年，每晚洗漱完毕，我会独自一人窝在沙发里，温一杯牛奶，熏一点香，津津有味的看书。那份舒适和慵懒，让即便孤身一人的生活，也无限温暖。

爱情可遇而不可求，但生活却是自己的。黄小琥在歌曲《没那么简单》里唱：“一杯红酒配电影，在周末的晚上，关上了手机，舒服窝在沙发里……”

一个人的生活，也要保持一份仪式感，平淡的日子，也要充满律动。细嚼慢咽享受自己做的每一顿饭而不是塞饱自己的胃；

洗了手斟一杯茶坐在铺了漂亮桌布的桌前细细回味，早睡早起，勤做卫生，健康饮食，坚持运动，告诉自己，我不是在凑合地过日子，而是在漂亮地生活。

2

前两天，大学室友小五找我聊天。像往常一样，全是抱怨。工作辛苦，生活无聊，年纪大了，合适的对象越来越难找；孤身一人，无人暖床，日子过得寥寥草草、冷冷清清……

那时我们宿舍的4个姑娘，现在待字闺中的仅剩小五和花花。当年，小五毕业后顺利进入银行工作，让我们十分艳羡。这些年，因为距离遥远，我们很少见面。只知道她仍然还是会计柜台，谈过两个男朋友，都无疾而终。

去年年底，我出差去了小五的城市，见到了久违的她。或许是工作压力大，或许是环境所致，大学时候水灵灵的姑娘，竟显得老气横秋。

那次我没有住酒店，而是在小五盛情地邀请下住进了她新装修好的房子。走进去的那一瞬间，我几乎以为自己进错了们，冷清的色调，空荡的房间，甚至连一点温暖的摆设都没有，这哪里是一个温馨的家，分明是冷冰冰的、不食人间烟火的宾馆。

在机场接到我已经很晚了，小五热情地请我去一家她常去的特色小店吃宵夜，我说太晚了，回家下点面随便吃点早点休息吧。小五尴尬地笑笑，对我说："我很少做饭，家里什么都没有。"

那晚，我们秉灯夜谈，回忆了过去的美好时光，也聊到了各自的生活现状。小五告诉我，因为忙碌，也因为懈怠，她已经很久没有认真收拾过自己，每天家里单位两点一线，一年四季穿单位统一发放的制服，很少逛街，周末常常在家蒙头大睡，别说健身旅游，连好好做顿饭、好好看本书都是奢侈。年纪老大不小了，一直单身，父母催得紧，自己也很着急。

和小五分别后，心里一直很堵。其实我很想告诉她，如果连自己独自一人的生活都经营不好，又如何能收获美满的二人世界呢？

你不来，我等着你，等待的同时，好好修炼自己、努力提高自己；你来了，我迎接你，以自己最好的姿态。这大约是从单身过渡到恋爱，最好的仪式感。

3

林心如在牵手霍建华之前，感情空白了许多年。当年，在闺蜜们一个个觅得良人时，她没有迷失在世俗的偏见里，更没有因为年龄的与日增长变得担忧焦虑，而是在事业上百尺竿头，展露光芒。在单身的那些年里，她身兼演员和制片人的双重身份，谈剧本，找演员，拉投资，成立个人工作室，赚得盆满钵满；运动、护肤、与朋友满世界旅行，过得有滋有味。

40岁时，她与霍建华由朋友升级成了爱人，没有轰轰烈烈，但温暖甜蜜，一切都来得刚刚好。如今，结婚数年的他们一起出门，依然十指紧扣，甜如初恋。无论单身还是婚后，林心如都将自己过成了人生赢家。

先学会爱自己，再学会爱人，尔后被爱，这是爱情千百年不变的定律。每个女人都渴望遇见良人，被妥善安放，细心保存，免受惊吓，免受苦难，四下流离。可生活的更高境界应该是，努力将自己活成一束光，即便没有那个良人，内心也一样温暖可依。

仪式感是无人依偎的枯燥生活里，那一丝耀眼的光，它让平凡又琐碎的日子，变得温暖而鲜亮。一个女人的生活一旦有了仪式感，就有了希望。所以，如果你正单身，请你一定要漂漂亮亮地生活，在绚丽多彩的时光中，静待那个他的到来；如果你已经找到了生命中最重要的那个他，也请好好珍惜，切忌让生活松懈下来。

最后送给大家一段我十分喜欢的话，愿你我共勉：

愿你有高跟鞋也有跑鞋，喝茶也喝酒。

愿你有勇敢的朋友，有厉害的对手。

愿你对过往的一切情深意重，但从不回头。

愿你特别美丽，特别平静，特别凶狠，也特别温柔。

愿你有独立的自我，也有绽放的自由。

愿你能享受一个人的晚饭，也能做两个人的早餐。

一个人的日子
也要过得活色生香

人人生而孤独，当你不再将一个人的日子视为苦闷、无聊和带着失败味道的经历时，你才可以更好地打磨自己，让自己变得更有趣，遇到更好的他。

1

常常会有单身的朋友、同事向我抱怨，一个人的日子实在太苦闷了：做顿饭犒劳自己时，只做一个菜还不够开火麻烦的，好好做几个菜，吃不完又浪费了；出去逛街时，逛着逛着就无聊了，看上一件衣服试穿一下都没人可以征询意见；去外面吃饭时，总是被周围成双成对、阖家欢乐的氛围衬托得愈发孤单；去健身锻炼时，好不容易练出的马甲线也只能孤芳自赏，连秀一秀的对象都没有。

一个人的生活似乎太过冷清，处处透着荒凉，并且，大部分时候都不精彩。事实上，独处是一段珍贵的历程，一个人的生活考验的是一种与自己相处的能力。它是无聊的，也是精彩的；它可以一成不变，也可以五彩斑斓；它可能是一潭死水，也可能活色生香。

一个人的生活绝不意味着孤独，它是我们人生中必须经历的阶段，是成长过程中的重要一环；它可以留给我们更多思考的时间和空间，让我们更好地与自己对话，更清醒地认识自己、了解自己，解锁更适合自己的生活方式，为两个人的美好奠定基础。

说白了，一个人的生活是一种试炼，你无法享受一人独处的快乐，就无法感知两人相守的美好。

人是群居动物。一生中，我们大部分时间都在他人的陪伴中度过，小时候有父母，读书时有同学，工作后有同事，恋爱了有爱人，结婚后有伴侣和孩子，算得上独处的时间，也就那么短暂仓促的两三年，实在弥足珍贵。

那么，这有限的一个人生活的时光，又应该怎样度过呢？是伤春悲秋，终日感叹寂寞孤单冷？还是积极阳光，让寂寞的日子大放异彩？

生活是一段自欺欺人的旅程，如果你赋予它意义，它就变得有意义，如果你认为它荒芜，它就会一文不值。一个人的生活可以很单薄，也可以很充盈，可以很无趣，也可以很精彩，它以怎样的面貌出现，全在于你的选择和心态。你可以将大把闲散的时间用来睡觉、刷剧、打游戏、瘫着，也可以选择旅游、阅读、锻炼身体、认真做一顿饭，不断提高自己。你可以碌碌无为、让宝贵的光阴在时间的缝隙中一点点溜走，也可以心怀美好，让孤独的灵魂盛开成娇艳的花。

聪明如你，一定会知道该怎样选择。

2

凌凌是我的好朋友。不久前，她和相爱了许多年、差一点就结婚的男友分手了。我曾经看着她和前男友一路风雨飘摇地走来，也深知这段感情对她的重要性。分手后，我一度非常担心她。

然而令我倍感欣慰的是，虽然伤心欲绝，但凌凌并没有因此沉沦，而是用最快的速度调整了自己的状态，华丽地回到了单身生活，甚至比之前恋爱时还要过得精彩。

她一个人煮饭，到超市买新鲜的食材，研究各种食谱，然后用精致的餐盘盛放，隔三岔五邀请我们三五好朋友帮她试菜，大家就着温暖的灯光大快朵颐，出租屋的冷清便淹没在了饭菜的热气腾腾和我们的欢声笑语中。

她一个人做家务，拖地、洗衣、擦桌子、把被子和衣服拿到太阳底下晾晒，夜晚枕着阳光的味道入眠，连睡眠都变得安稳而踏实。

她一个人旅行，常常在周五下班后，收拾好行李，说走就走。到三亚晒太阳、吃海鲜，与椰林树影为伴，在碧海蓝天下尽情放松；到色达看红色的经舍、湛蓝的天空、苦修的僧侣和淳朴的藏民，来一场与自己心灵的对话。

她一个人健身，在午后的健身房里挥汗如雨，跟着肚皮舞老师一点一点学，仅用一个月时间就从最初的极不协调练到了优雅妖娆。

总之，她努力将失恋后的生活过得神采飞扬、活色生香，让独处充满了力量。

或许，每一个如凌凌一样将一个人的生活过成诗意的人，都是对生活、对未来、对自己充满大爱的人，他们不会放纵自己，更不会因为生活的突变就陷入混乱；他们明白，每一个因为熬夜而起不来床的清晨、每一份懒得下厨而凑合的外卖、每一张对着镜子显示出的无趣疲倦的脸，都是对自己的辜负。

人人生而孤独，当你不再将一个人的日子视为苦闷、无聊和带着失败味道的经历，你才可以更好地打磨自己，让自己变得更有趣，你才完成了人生的重要仪式。

3

活色生香的生活，想一想都是美的，它如鲜花一般艳丽多姿，也如诗画一般灵动通透。一个人的生活，究竟怎样才能摆脱寂寞的困扰，跳出孤单的泥潭，变得多姿多彩呢？

或许，你可以这样做：

（1）保持一颗知足常乐的心

保持一颗知足常乐的心是让生活有滋有味，活色生香的基础，它能让你在粗茶淡饭中品尝出人生的甘甜，在平淡无聊中发掘出生活的乐趣。一个知足常乐的人，一定懂得最简单的才是最珍贵的，你所拥有的就是最好的，他们懂得感恩，也懂得珍惜。

（2）拥有属于自己的空间

俗话说，“金窝银窝不如自己狗窝。”拥有一方属于自己的空间是一种必须，即便是租来的。这个空间不需要很大，但一定要温馨整洁，一定要给自己家的温暖和内心的归属感。在这个属于自己的空间里，你可以安逸的做一顿饭，给心爱的花草浇浇水，或者懒懒地睡个觉；也可以泡一杯普通的咖啡，看着杯中的热气氤氲而起，在香味缭绕的小客厅里，读书或者看电影。这样的日子，即便不浪漫，也一定是温馨自在的。

（3）有属于自己的兴趣爱好

一个人生活的日子里，应该想办法去拥有属于自己的兴趣爱好，或者读书，或者书画，或者写作，努力提高自己的幸福感。在某个下雨的午后，听着窗外的细雨滴答，喝着芬芳的茉莉花茶，看看古籍，或者写写画画，听着音乐如水一般地倾泻，这样的独处时光，想一想都是美的。

（4）把日子过得充实而有趣

闲暇时光，读书，旅行，看电影，学英语，练吉他，做手工，学习理财，准备考证……如果你愿意，一个人真的可以充实到让你觉得一天24个小时根本不够用。有时候，与其两个人一起消磨时间，不如一个人认真经营生活。

热爱生活的人，既有七窍玲珑的心，也懂得品味人间烟火味。说到底，将一个人的生活过得活色生香，就是在内心深处保持一份对生活的仪式感。要明白，岁月静好，每个姑娘最终都会等到自己的盖世英雄。在那段珍贵的、或长或短的等待时光里，不如好好修炼自己，好好享受生活。

懂仪式感的姑娘，宁愿寂寞，绝不玩暧昧

一个有仪式感的姑娘，一定是爱憎分明的，喜欢就是喜欢，不喜欢就是不喜欢。欲拒还迎的暧昧，哪里比得上一场坦坦荡荡、轰轰烈烈的爱情。

1

我曾经收到过一位读者的留言：我和男朋友在一起不久，是自然而然在一起的，他没有表白。有一次我问他：“我到底是你什么人呢？”他却回答我说：“有些问题或许是没有答案的，你感觉是什么就是什么吧。”这个含糊其词的答案让我觉得很没有底气，你说我要不要逼他跟我表白呢？

这条留言让我想到了好朋友欢欢。有一次，欢欢在电话里欢欣鼓舞地告诉我，她遇到真爱了。她和那个男人是在一次活动中认识的。熟识后，两个人发现彼此的爱好和兴趣有很多相似之处，大有相见恨晚的感觉。男人很有经验，几乎每天都会在微信上撩拨欢欢，两个人天南地北的畅聊着，十分甜蜜。而每日的互道晚安，似乎也成了两人之间心照不宣的情话。后来便开始周末约会了，先是一起吃饭、看电影，慢慢地发展到牵手、拥抱、亲吻额头。

我很为欢欢高兴，以为她终于要脱单了。欢欢却突然落寞了下来："我还不算脱单呢，他还没向我表白。"

我很生气，当机立断地劝欢欢结束这种玩火的游戏："他说了那么多，什么暧昧都玩遍了，偏偏从来不认真地开口说一句'我爱你，做我女朋友吧；我喜欢你，想跟你在一起。'你觉得这是真正的爱情吗？或者，你需要这种暧昧不清的爱情？"

电话那头的欢欢沉默了。

2

毋庸置疑，爱情是需要仪式感的。一份踏实的爱情，首先应该从表白开始。虽然，并非所有说出口的"我爱你"都意味着对方真的爱你，但说不出口的"我爱你"一定意味着不爱你。他的朋友圈没有你的任何信息，他在朋友面前绝口不提你们的关系，他从不和你谈论未来也不给你任何承诺，这就意味着，他的世界里根本没有你。面对这样一个连表白都说不出口的人，你又有什么底气、以怎样的身份和他继续走下去呢？

表白是给恋爱一个正当的理由，能赋予情侣之间一切行为的"合法性"，包括关心、吃醋等。而一段暧昧的关系，就像躲在黑暗下的影子，见不到光，也感受不到温暖。

明明白白地说喜欢，大大方方地秀恩爱，光明正大地在熟悉的亲朋好友面前牵手拥抱，这些美好的仪式感，才是爱情的定海

神针。要明白，这是一个爱情快消的时代，我们之所以需要一份表白的仪式，我们之所以不要暧昧，是因为我们那颗躁动不安的心，需要一份肯定。告别了校园恋情的懵懂青涩，成年人的爱情表达方式本来就没必要那么隐晦。

所以，别再说什么“有些问题或许是没有答案的，你感觉是什么就是什么吧”。我们俩在一起了吗？我们俩是什么关系？如果你能明确告诉我，那么我会继续牵着你的手。如果你无法给我明确的答案，对不起，我的爱情，不需要暧昧。

3

和我通完电话后，欢欢还是不死心地去问了那个男人。她鼓足了全部的勇气，把他约出来，在吃完一顿美味的火锅后，就着饭桌上残存的热气，明明白白地问：“我们现在这样，是恋爱的关系吗？”

男人沉默了。欢欢的心，恰如那锅吃完的火锅，一点点冷却下来。半个小时后，欢欢忍着心痛，毅然决然地打破沉默：“那么，再见！”然后，头也不回地走了。

不久后，欢欢在朋友圈里看到了那个男人和另一个长发女孩的亲密照，配文是，“余生都是你，晚一点也没关系………”

欢欢说，那一刻她才知道，她从来都不是他的主旋律，想到那段暧昧虚幻的感情，心里就像吃了一只苍蝇，恶心至极。幸运的是，她早早捅破了那张纸，从暧昧的沼泽中抽身而出。

始于颜值，陷于才华，忠于人品是许多姑娘对爱情的期待。

所以，当一个不难看又有好感的男人出现时，你的内心免不了会泛起涟漪。

而恰巧对方又开始撩你，并且有意无意地告诉你他还单身。于是你们慢慢地亲密起来，约着一起看电影，一起吃饭。因为有好感，在看电影时，你没有拒绝他的拥抱；在压马路时，你没有拒绝他的牵手；在送你回家时，你没有拒绝他的亲吻。

你以为你们在一起了，你满心欢喜。直到有一天，你在对方的社交圈里看到了另一个女孩的信息，你气势汹汹地想为自己讨个说法，对方那一句轻描淡写的“一直当你是普通朋友”便让你的质问硬生生地憋回了肚里。

直到那一刻，你才明白，你要的是一个比翼双飞的人，而对方要的，不过是一个在深夜寂寞寻找安慰的女人；你要的是一份不用遮遮掩掩的爱情，而对方要的，不过是一个不用负责的暧昧。所以，暧昧的那点火光太弱，保不准什么时候就会熄灭。你想和那个暧昧的人互相取暖，暧昧却将你烧得遍体鳞伤，如果你道行不够深，又如何玩得起？

找一个始于颜值，陷于才华，忠于人品的男人并没有错，只是它绝非轻而易举，大多数人都败在了第三关。比起与男人毫无仪式感的开始，你更应该做的，是耐心地等待，努力地变好。

宁愿孤独终老，也不要暧昧惹烦恼。这世界美好的事情那么多，何故要浪费时间在一场互相调戏的感情里？ 还不如将时间花费在读书写字健身上，好好打磨自己，等待那个不只想和你暧昧的人出现。

4

暧昧是对自己感情的一种浪费，与其将宝贵的感情浪费在一个不确定的人身上，不如远离暧昧，找一个真心相爱的人光明正大地相爱。

暧昧是一盘棋局，谁先认真，谁就输了。深究起来，你不是输在认真，而是输在了开始这个游戏。当你将自己放置在一个黑暗的角落时，还能指望谁带给你光明和温暖？要知道，一个真心喜欢你的人，绝不会跟你一直暧昧下去。

一个有仪式感的姑娘，一定是爱憎分明的，喜欢就是喜欢，不喜欢就是不喜欢。欲拒还迎的暧昧，哪里比得上一场坦坦荡荡、轰轰烈烈的爱情。当然，一个洁身自好的姑娘，也一定不会以任何方式与别人玩暧昧。喜欢就在一起，不喜欢就保持距离，模棱两可的关系，误人又伤己。

我认识一位姑娘，她的一位男同事天天给她买早餐，每天晚上给她打电话，微信里也要互道晚安。生病了，男同事第一时间赶来陪伴，嘘寒问暖，端茶倒水。我们都很羡慕她，觉得她有一位对她死心塌地的男朋友。姑娘却一脸娇羞的说：“不是，不是，我们只是朋友。”听到那句“只是朋友”，我地心里有一万只马奔腾而过。好一个天天买早餐、关心备至的单纯“朋友”，不知道那位男同事听到姑娘的这番言论，会是怎样的心情。

远离暧昧，才会远离痛苦。有仪式感的姑娘，宁愿寂寞，也绝不玩暧昧。

不要让催婚的声音，停止你寻找真爱的脚步

不将就、不凑合，哪怕被催婚的唾沫淹没，你也要以最好的姿态坚定地站在那里，等待着最合适的人出现。这是你对单身最好的承诺和最庄严的仪式感。

1

不知道从什么时候开始，有了这样一个不成文的规定，女孩子一定要在25岁前恋爱，27岁前结婚，30岁前当妈。如果你没有按照这样的人生轨迹前行，你就会成为别人口中的“大龄剩女”，然后被七大姑八大姨催婚。

刚刚休年假从家乡回来的小美一整天都在向我诉苦。据说她一只脚才迈进家门，催婚的队伍便排成长队了，先是父母，然后是七大姑八大姨，到最后走在街上，相熟的邻里都会插上一嘴。小美委屈地说，到了这个年纪，孤独似乎就是一种可耻，不仅身边一对对的情侣让你吃尽了“狗粮”，而且还要遭遇亲戚朋友的异样眼光。

事实上，小美并不大，满打满算26不到，正是如花一般的年纪。“我真的还没玩够，只想开开心心过两年单身日子。”小美幽怨地说道。

小美的遭遇不禁让我想到了一个远房表姐。因为每年过年回家都会被家里逼婚，表姐近两年的春节都选择了出国旅行。去年，她和朋友一起去了新加坡，在异国美丽的街景里，笑得格外灿烂。

我微信问她，一年到头也就过年有时间回家看望一下父母，错过了不遗憾吗？表姐回过来的文字里全是无奈：“遗憾呀，只是实在忍受不了催婚的声音。”刚毕业时，表姐便开始被催谈恋爱，那时候，她总是轻笑着推脱：“还年轻呢，想拼几年事业。”慢慢地，年纪越来越大，尤其过了30岁，好像所有的理由都无法搪塞了，于是只好逃离。

曾经我很认真地和她聊过结婚的话题，她告诉我，她也向往爱情和婚姻，渴望能有一个彼此取暖的人，只是这个人，一定要看对眼，她实在无法想象跟一个不喜欢的男人生活在一起的样子，更不能忍受要跟一个完全没有共同语言的人度过余生。

其实我身边也有不少因为家里催婚而早早结婚的朋友。26岁那年，发小七七因为忍受不了家人催嫁的压力以及小城市里走哪儿都有人帮忙介绍对象的声音，与相亲认识的男友匆匆忙忙走进了婚姻。结果不到半年，当初父母口中适合的那个人，便与她频繁产生矛盾。七七说，婚后的生活谈不上好也谈不上怀，只是少了一点悸动，两个人经常不在一个频道上，交心的机会很少，日子过得太沉闷，让人厌倦。

后来，她不顾父母的反对离婚了。挣脱了婚姻枷锁的七七告诉我，她好像获得了一次新生，下一次再结婚，一定要是因为喜欢、因为怦然心动的感觉、因为发自内心地想嫁。

婚姻是爱情的升华，是执指之手与子偕老的承诺，走进婚姻不是为了凑合过日子，而是为了互相温暖。不要让催婚的声音停止你寻找真爱的脚步，那个将要与你共度余生的人，一定要是你经过深思熟虑后选择的人。

不将就、不凑合，哪怕被催婚的唾沫淹没，你也要以最好的姿态坚定地站在那里，等待着最合适的人出现。这是你对单身最好的承诺和最庄严的仪式感。

2

上学期间不准谈恋爱，毕业马上被催婚，这是许多中国青年的真实写照。尤其是当你过了30岁后仍然孑然一身，那你就会被父母亲戚急迫地埋怨："这么大年纪还不结婚就是不孝，不要太挑剔了，谈什么感情，结婚后不是一样可以培养吗……"

其实大部分长辈们催婚的目的，都是希望我们过得好，希望即使以后有一天他们不再能照顾我们的时候，也有一个人能代替他们宠我们，爱我们。只是他们眼中的好，是让我们嫁为人妇，有自己的家和孩子，过安稳的生活。这种好，并不是我们所期待的、圆满的一生。

许多人并非不愿意结婚，只是一个人生活久了，对待感情的态度便多了一份真诚和期待，既不会因寂寞去暧昧，也不愿因催促而结婚。

说到底，婚姻关系着两个人的生活以及柴米油盐的琐碎，如果没有深厚的感情做基础，如果没有足够的底气，当我们慌里慌张地一头扎进围城里，又该拿什么去抵抗时间的侵袭和岁月的磨砺呢？结婚的目的，不是为了满足父母的期望、摆脱催婚压力、结束单身生活，而是两个相爱并适合的人，要彼此走进，彼此承诺，相濡以沫，共度余生。

所以，早一点或晚一点遇到结婚对象，年轻一点或者年长一点步入婚姻，又有什么关系呢？只要两个人彼此适合、心智成熟、三观正确，只要可以互相包容、互相理解、平等相处，任何时候结婚都不晚。

不论是二十几岁，还是三十几岁，甚至是四十几岁，你都不用匆忙地走进婚姻，更不用凑合着相濡以沫，你应该珍惜单身的岁月，努力将自己的外在与内在提升到一定的档次，找到属于自己的生命意义，然后按照自己的心意找一份赏心悦目的感情组建一个优质的家庭，在适合你的婚姻中感受到爱的真谛。

长辈们的催婚，催来的是对象，却催不来合适的感情。被催婚并不可怕，可怕的是你觉得他们说得都对，并且选择了妥协。

3

村上春树说：“哪里会有人喜欢孤独，不过是不喜欢失望。”每个到了适婚年纪却依然选择单身的女孩，大约都怀揣着一份对爱情的期待吧。

谁不渴望下班回家有盏等待自己的灯，半夜醒来身边有一个酣睡的人？谁愿意一个人孤苦伶仃地逛街、吃饭、看电影？只是比起婚后生活的种种失望、争吵和矛盾，大部分人更愿意多花一点时间在婚前的磨合上，更愿意在爱情到来之前，储备好耐心，储备好自己。

在这个浮躁而华丽的时代，我们缺的是爱，而不是情；我们缺的是伴，而不是人；我们缺的是那份即便什么都不说也懂得彼此的默契，而不是孤独。婚姻不是掩耳盗铃，更不是守株待兔，个中冷暖，唯有自知。好的婚姻不应该是为了选择而选择，而应该是花时间去弥补自己的不足，发现自己的特长与魅力并充分释放出来，然后去吸引一个同频率的人。

我们都曾在爱情里受伤害，对待感情难免小心翼翼，所以更愿意多花一点时间为梦想努力，待积累到一定的资本和安全感后，再考虑婚姻大事；我们都没有铁心铁肺，也并非刀枪不入，负担不起婚姻里出现的危机。所以，更愿意未雨绸缪，修炼好单身期里该做的事情，再等待爱情和婚姻的到来。结婚的意义，在于“结”，更在于“婚后”的生活，千万不要因为冲动而盲目的结婚，更不要因催婚的声音而停止你寻找真爱的脚步。要坚信，当你拥有更好的自己，那个更美好的他，一定就在不远处。

希望将来你遇见的那个人，他风风雨雨你愿意跟随去闯，他普普通通你愿意一生相伴，他能够带给你对未来的希望，让你相信陪伴比海誓山盟更长情，也能够赐予你生活的力量。

辑五

最美好的爱情，是让彼此成为更好的人

爱情里最高级的浪漫和最隆重的仪式感，
就是彼此间的珍惜和重视，
让彼此成为更好的自己。
相爱时狠狠爱，分别时坦然接受，
这才是爱情该有的姿态。

爱情里最重要的仪式，
就是男人的重视

爱情中最高级别的仪式感，是一个男人愿意在漫长的岁月中，始终如一的给你温暖和依靠，疼惜你、重视你，愿意持之以恒地对你好。

1

爷爷和奶奶是相亲认识的，他们之间从未谈过恋爱，更不曾提过一个“爱”字，但却相濡以沫地走过了60载光阴。

常常听奶奶说，她和爷爷认识时，她只有17岁，穿着当时最好看的衣服，扎着两个麻花辫，被媒人领进了爷爷家。后来，爷爷用两块布匹，三担麦子，几十斤猪肉，娶回了奶奶。

爷爷奶奶几乎是家族里的模范夫妻，一辈子没红过脸，两个人相濡以沫，养大了父亲两兄弟。听爸爸说，奶奶身体不好，在那个挣工分的年代，爷爷为了让奶奶少干一点活，总是起早贪黑。那时候，每次赶集，爷爷都会买5个橘子，他和两个儿子一人一个，剩下两个留给奶奶，因为橘子是奶奶最爱吃的水果。

我从小便和爷爷奶奶生活在一起，感情十分深厚。记忆里，

爷爷很爱抽烟，可奶奶闻不得烟味。爷爷每次烟瘾犯了的时候，就会跑到外面去抽，生怕呛到了奶奶。近些年，奶奶越来越反感爷爷抽烟了，爷爷索性把烟戒了。

记得有一次，奶奶生病了，有点严重，在医院做手术。爷爷当时吓坏了，吃不下、睡不好，日日夜夜守在奶奶的病床前，我们劝他保重身体，多休息，他就是犯倔。后来奶奶手术很顺利，守了几夜的爷爷才肯回家休息。在被奶奶责骂不注意身体时，还笑得像个孩子。

去年过年，我给爷爷奶奶各买了一件衣服，属于情侣款。奶奶收到后很喜欢，却怪我乱花钱。爷爷就笑她："老太婆，孙女孝敬的你就收下，你以前的衣服哪有孙女买的好看？你看这件款式样式，你穿着多好看。"奶奶瞬间羞涩起来，眼里透露着幸福。

今年是爷爷奶奶结婚60周年，爷爷专门跑去商场给奶奶挑了一对金镯子。拿到镯子后，奶奶又把爷爷骂了一顿，怪他乱花钱。爷爷却笑呵呵地说："苦了你一辈子，也没给你买过像样的东西，我记得结婚时你从娘家带来的那对镯子，在三年自然灾害时也拿出来卖了补贴了家用，这对镯子算是我还你的，不然将来去那边见了你爸妈，不好交代。"那对镯子奶奶如今天天带着，一刻也舍不得取下。

奶奶今年78岁，爷爷75岁，他们相差3岁。那个年代的他们，没有手机，没有钻戒，没有鲜花，没有山盟海誓的浪漫，结婚时也没有举行盛大的仪式，可是奶奶却是我这辈子见过的，最幸福的女人。

从前车马很慢，书信很远，一生只够爱一个人。爷爷和奶奶的故事告诉了我，对于女人来说，在爱情里最重要的仪式，其实就是男人的疼爱和重视。

2

浪漫是女人骨子里最虚荣的需要。今天是同事小米第N次向我抱怨她老公不浪漫了，原因是她的一个好朋友的男朋友在最热闹的广场，点燃了心形蜡烛，手捧玫瑰花求婚了。

小米的老公是一个典型的金牛座男人，踏实能干，不懂得那些虚头巴脑的浪漫，只会踏踏实实地对她好。我常常看见下班早的他守在办公楼下，接小米回家。虽然他没给小米一个隆重的求婚，但婚礼的所有事宜，都满足了小米的要求。虽然他很少在节日里像办公室其他女同事的男朋友或老公一样送来漂亮的鲜花，却每天变着花样给小米做好吃的。

小米还告诉我，从谈恋爱开始，她每天都会收到老公的短信，内容没有什么特别，都是千篇一律的报告一下自己的行程，然后叮嘱小米认真吃饭。这个习惯坚持了很多年，始终没有改变过。这样的男人，还不够浪漫吗？

望着办公桌前伤春悲秋的小米，我笑着说："别矫情了，这样的老公，我们需要一打。"我不是恭维，而是发自内心的称赞。在我眼里，真正的爱情，并不是要给你什么惊天动地，而是时时刻刻想着你、重视你。一次的浪漫真的太容易了，只要肯砸钱，没有做不到的，但持之以恒地对一个人好，才是最不容易的。

爱情中最高级别的仪式感，不是鲜花、钻石，更不是房子、车子和那些大场面大阵仗的浪漫，而是一个男人，愿意在漫长的岁月中，始终如一的给你温暖和依靠，疼惜你、重视你、对你好。

3

晨晨的男朋友是朋友圈公认的浪漫好男人。两个人在一起几年了，却始终如初恋一般甜蜜。

各个大大小小的纪念日，晨晨的男朋友都记得，甚至连第一次牵手的日子，都会特别庆祝，买花，送礼物，提前订好烛光晚餐，十分用心。碰到出差赶不回来，他也会提前在花店订好花，并在花里放上写好的小卡片。

我们都说，晨晨有福气，找了一个好男友。可是最近，他们却分手了。我很好奇，也很替她遗憾。晨晨却长叹一口气，如释重负地说：“分了也好，算是一种解脱。”

刚开始在一起时，晨晨确实很满足。男朋友浪漫，常常带给她惊喜。七夕节的鲜花，情人节的巧克力，妇女节的烛光晚餐，甚至是儿童节的棒棒糖……都说女人喜欢浪漫、喜欢有仪式感的生活，晨晨就这样沦陷在了男朋友的温柔网里，不可自拔。

慢慢地，便觉得不对劲了。两人在一起后，晨晨发现男朋友从来不做家务，换下的衣服随手就丢在浴室里，吃过的饭碗从来不洗，周末即便宅在家里玩游戏，也不肯帮大扫除的晨晨擦一下桌子，哪怕是在大冬天晨晨来了例假痛经直不起腰，也依然吃完饭筷子一丢就进房间打怪升级去了。晨晨觉得，比起女朋友，她更像保姆。

去年冬天，晨晨的母亲生了重病。心急如焚的她请了假就往机场跑，在出租车上，泪流满面地给男朋友打电话，希望男朋友陪她一起回去，她害怕一个人面对。可是男朋友却说，和朋友约了周末钓鱼，实在走不开。

开春后，晨晨有一次重感冒请假在家休息。男朋友连问都没问一句就照常上班了。睡得昏昏沉沉的晨晨中途醒来，打电话让他中午休息的时候回来带她去下医院，男朋友却在电话那头说，中午约了同事吃饭，让她自己打出租车去医院。

尽管，纪念日的礼物、大餐，依然没有少过，但晨晨的心却渐渐冷了。而每次和闺蜜们抱怨，闺蜜们却语重心长地劝她："现在的社会，有几个男人能做到他那样浪漫的，别矫情了，好好过日子吧。"可是晨晨觉得自己越来越不快乐。她一遍遍问自己，在感情的世界里，究竟是男人的浪漫更重要，还是男人对自己的重视和疼爱更重要。思考再三后，她选择了分手，想给自己一个证明的机会。

我很佩服晨晨的勇敢，也庆幸她的通透，在这个浮躁的世界里，她没有被虚荣蒙蔽眼睛，她懂得探寻爱情的真谛。

最好的爱情，究竟是什么样的呢？记得每个节日给你送一束玫瑰花的男人和永远记得你经期，为你准备好红糖水和热水袋的男人，你更愿意选哪一个？如果换作是我，我一定会选后者，因为我想要的不是一个男人对我一时的好，而是他这一世对我的坚

持和在乎。

说白了，爱情不过是由一个个小细节组成的，爱情里最高级的浪漫和最好的仪式感，就是一件件琐碎的小事，就是一个男人对你的珍惜和重视。

真不是因为穷，他只是不够爱你

关于爱情最好的仪式感，大约就是我即便口袋空空，也要给你一个满意的婚礼；我即便仅剩唯一的面包，也要让你先吃饱。我爱你，只忠于我的内心，而无关其他。

1

有的男人总是打着节俭的旗号，对妻子小气吝啬；有的男人即便身上只有一分钱，也会无条件地满足妻子的愿望。从这两种男人的对比中我们可以得出结论：爱是不能用金钱来衡量的，男人之所以不愿意为你花钱，不是因为穷，而是因为不够爱你。

90后的轻熟美女潇潇是我的前同事。前几天约她出来吃饭时她告诉我，她原本和男朋友都准备结婚了，可是却因为彩礼发生了变故。

潇潇说，除了婚礼必需的东西，她母亲还向男方提出了10万元彩礼的要求。按说，潇潇是家里的独女，父母年纪大了，要彩礼也是情理之中的事情。可是潇潇的男朋友家里经济状况并不太好，据潇潇说，买房和操办婚礼已经掏空了家底，实在拿不出彩礼钱了。

我看着眉头紧锁的潇潇，试探着问：“难道就因为彩礼的事，你们分手了？”潇潇的眼眶一下红了：“我也担心会是这样的结果。他听到我妈说要10万元彩礼的时候，先是愣了一会儿，然后对我说等他10天，10天后会来找我，就走了。到现在他也没有联系我，明天就是第10天了……”潇潇的声音里有一丝哽咽。

我知道潇潇心里不好受，担心未婚夫就这样消失了，于是安慰她说：“如果他真的爱你，一定会回来找你的；如果不爱，就没必要留恋一个因为拿不出彩礼而逃跑的男人了。”

昨天晚上8点多，我正准备关掉手机陪孩子玩，突然接到了潇潇的电话。我以为她是因为没等到男朋友打电话向我哭诉和寻求安慰的，接电话前，还想了几秒钟的说辞。没想到，潇潇在电话里欢欣雀跃地说：“你说得对，他来找我了，和我一起将钱交给了我妈妈。我看到那些钱都惊呆了，生怕他是借的高利贷或者通过其他来路不明的方式得来的，结果他告诉我，这些钱有一部分是他瞒着父母的私房钱，有一部分是找亲戚朋友凑的，还有一部分是向公司提前预支的。我永远都不会忘记他那句话‘遇到你是我这辈子最大的幸运，我绝对不会让你受委屈，即使倾我所有。’”

潇潇的声音再一次哽咽了，而我的眼眶也因为感动湿润了。为了你，我愿意倾其所有。这是最高尚的爱情，也是最动人的仪式感。

关于爱情最好的仪式感大约就是，我即便口袋空空，也要给你一个满意的婚礼；我即便仅剩唯一的面包，也要让你先吃饱。我爱你，只忠于我的内心，而无关其他。

2

我和倩姐是在孩子的兴趣班认识的。因为两个孩子很亲近，我们慢慢地也熟识了。

30岁那年，倩姐相亲认识了现在的老公。因为年纪不小了，家里给的压力很大，而刚认识时，老公又比较体贴，虽然每次见面总是带她吃路边摊，也没给她买过什么礼物，但倩姐说服自己，老公是一个过日子的人，所以很快就与他走进了婚姻。

婚礼也很简陋，好在老公足够体贴。婚后不久，倩姐怀孕了，老公提议让她辞职在家安心养胎。于是，倩姐辞掉了工作。孩子出生后，倩姐想出去找份工作，老公又以孩子太小没人照顾为由，让她继续做家庭主妇。这一做，就再没回到职场。倩姐辞职后，老公每月会按时给倩姐生活费，数目不多不少，基本没有结余。

有一次，倩姐的大学同学来倩姐的城市出差，约她一起吃顿饭叙叙旧。倩姐很重视，便对老公说了这件事，希望老公给点钱让她请同学吃顿饭。没想到，老公一听就急了："吃什么饭啊，你还得在家看孩子，不许去。"倩姐被老公突如其来的坏脾气吓坏了，她从来没想过，老公的态度会是这样。后来，倩姐以带孩子为由拒绝了同学的邀约，但在她内心深处，却多了一份委屈。

这件事后，倩姐发现，只要一涉及钱，丈夫就会变得很敏感，好朋友结婚她要随份子丈夫不同意，她想跟朋友逛街丈夫也拦着……或许是之前太神经大条没注意，而这些发现也让两个人之间的感情，蒙上了一层灰。

其实倩姐的老公收入并不低，也不是对所有人都吝啬，他舍得花几百元请他的朋友吃饭，舍得给父母买几千元的保健品，舍得为孩子报上万元的补习班，唯独对倩姐，连一件两百元的衣服都舍不得。那个傻傻的、一心想和老公过日子的倩姐终于明白了，原来丈夫根本不是节约，只是不爱她，在老公眼里，任何事情都比她值钱。

3

许多男人抱怨女人太物质，他们不明白，其实女人只是想通过金钱来衡量一个男人是否真心爱自己。感情本身就是很虚幻的东西，而钱，有时候能将这份虚幻具体化。

女人在乎的，并不是男人能为自己花多少钱，而是男人愿不愿意为自己花钱。有一百万元的男人为自己花一万元与有一万元的男人为自己花一万元是完全不一样的概念。一个真正爱你的男人，不管有没有钱，都会让你感受到温暖和贴心。

我一直很羡慕爸爸妈妈的爱情。小时候经常听外婆说，爸爸当初为了娶妈妈，几乎拿出了所有的积蓄。他给了妈妈一个令人艳羡的浪漫婚礼，以至于结婚后两个人很长一段时间内都过着节衣缩食的生活。但只要手里有了余钱，爸爸一定会去集市偷偷给妈妈买好吃的。尽管日子捉襟见肘，但妈妈觉得无比幸福。

都说女人是感性的动物，我们想要的，从来就不是荣华富贵，而是男人能将自己当成手心里的宝。那些有一分钱就为女人花一分钱的男人，一定比那些有几十万元却只肯为女人花几万元的男人，更容易俘获女人的心。一个真正爱你的男人，会觉得你配得上世间所有的美好，所以他们愿意为你倾其所有，将你捧在手心里，用力去爱。

亲爱的女人，下一次，当你的男人再次以节约为借口舍不得为你花钱时，请你一定要想清楚，他到底是会过日子，还是根本就不爱你。

变优秀，
是取悦自己，而不是他人

你所有的努力，不只是为了讨好这个世界，而是为了可以做喜欢的事、交喜欢的朋友、买喜欢的东西、爱想爱的人。取悦自己，才是努力生活的仪式感。

1

朋友小荷最近很郁闷。她和男朋友小剑交往了一年多，感情稳定，前些日子刚刚见了家长。可是小剑的妈妈却不喜欢她，原因是她不会做饭，看上去也很强势，没有贤妻良母的样子。

为了讨未来婆婆欢心，小荷专门去报了烹饪班和西点班，时常向我们请教烘焙知识，还专门去学了插花和茶艺，努力让自己变成未来婆婆理想中贤惠的样子。只是不管她如何努力，小剑的妈妈还是不喜欢她。

男友小剑是标准的妈宝男，夹在女朋友和老妈之间，十分为难。于是，原本甜蜜的两个人变得疏远了。小荷愁云密布地说：“大概是要分手了吧。”

其实在我们眼里，小荷真的已经足够优秀了。名牌大学毕业，世界500强企业里的白领丽人，拿着高薪，住着高楼，关键还肤白貌美、身材窈窕，她活出了大部分女人梦寐以求的样子。然而，她所有的优秀和努力，对方家庭都视而不见。这让小荷十分伤心，甚至产生了一丝自暴自弃的感觉。

我安慰小荷说："一千个人心目中就有一千个哈姆雷特，即便你再优秀，也会有人不喜欢你。你和小剑的妈妈本身就是两个价值观不在同一水平线的人，又怎么可能产生交集呢？与其想方设法取悦她、讨好她，不如好好做自己、取悦自己。"

生活本身就是如此，我们不可能永远活在别人的评价中，更不需要因为别人的喜好而改变或否定自己。一切讨好的尝试，都比不过取悦自己踏实。我们无法左右别人，只能掌控自己。努力让自己变优秀，不是为了取悦别人，而是为了取悦自己。一个懂得取悦自己的人，才不会放弃自己，才会不断提升自己。当我们用努力和积极做外衣，让自己变得足够美好的时候，即便错过了一个小剑，还会有无数个小剑和小剑的家人来爱我们、肯定我们。

取悦自己，才是幸福生活最好的仪式。

2

你为什么要努力变优秀？是为了一份长久的事业吗？是为了养育我们的父母吗？是为了一场深刻的感情吗？还是为了别人称赞的声音？都不是。你努力变好的目的，只是为了取悦你自己。

在这个浮躁的社会，我们的努力，似乎总是带有一点儿功利性。就好比当我们爱上一个人，因为害怕自己配不上他，于是便去减肥，去读书，去研究他喜欢的一切，去让自己变得更温柔、更体贴、更可爱……我们做这一切的目的，都是为了让那个人开心，吸引那个人的注意，却偏偏忘了从始至终默默坚持、辛苦付出的自己。

闺蜜喜欢了一个男孩很多年。高中那会，男孩喜欢打篮球，对体育一窍不通的闺蜜就找来历届的NBA比赛视频认真观看，最终对那些拗口的球星名字熟烂于心；男孩理科好，闺蜜便放弃自己擅长的文科逼自己学那些完全不感兴趣的化学物理；男孩喜欢性格开朗的女生，原本内秀的闺蜜便努力让自己变得活泼，努力和其他人打成一片；男孩成绩好，为了能和他齐头并进，闺蜜便熬夜苦读。

后来，他们到了同一个城市的相邻两所大学。闺蜜依然处处为了男孩而努力。男孩学经济，为了和他有更多共同话题，学英语的闺蜜硬是逼着自己考了会计从业资格证；男孩加入了文学社，她就利用业余时间一本接一本的读书；男孩喜欢上了健身，闺蜜也频繁地出现在健身房，硬生生将120多斤的自己塞进了最小号的衣服。

可是如此努力的闺蜜依然没能得到男孩的喜欢。大四那年，男孩有了女朋友。闺蜜将自己喝得伶仃大醉，鼓起勇气打电话问他，自己做了这么多，为什么他却爱上了别人。男孩在电话那头尴尬地笑笑：“我一直当你是妹妹。”一句妹妹，轻而易举就让闺蜜多年的努力竹篮打水一场空。撕心裂肺的闺蜜趴在我的肩头，在夜半寂静的操场失声痛哭。

其实我很清楚，这些年，闺蜜努力的方向本身就是错的。我们努力变好的目的，本身就不是为了取悦他人，而是取悦自己。当一个人不爱你的时候，你即便变得再好，他的注意力，也不会放在你身上。而只有你取悦了自己，你为自己所做出的那些改变，才会让你终身受益。正如亦舒说的那样："人生短短数十载，最紧要的是满足自己，不是讨好他人。"

没有谁的一生是永远掌控在别人手里的，每个人都应该为自己而活。当我们将自己变得足够漂亮、足够优秀时，受益最大的那个人不是别人，正是我们自己。我们应该以此激励自己，而不是牵制自己。

自爱沉稳，然后爱人。无论什么时候，记得为自己而活，这个世上最需要你照顾的只有你自己。你努力、你好好生活、你变得更好，不是为了取悦他人，而是为了取悦自己。

3

在现实生活里，因为各有所需，各有所求，我们总是无可避免地想要去取悦一些人和事，取悦爱人、取悦朋友、取悦领导、取悦整个世界，却独独忘了取悦自己。正如《我不过无比正确的生活》里描写的那样：我们情不自禁配合这个世界，来获得软弱的安全感。却总有一个自己，一直住在心底，告别在日复一日里。

问题是，取悦别人，真的就能让我们过得幸福吗？答案显然是否定的。甚至，随着年龄的增长和阅历的增加，我们渐渐发现，无论如何努力，总是有自己无法取悦的人。相反，这种取悦，会让我们慢慢失去自我，变得越来越不快乐。

曾经，我也是一个十分在意别人眼光和评价的人。为了领导的一句肯定，可以连夜加班；为了朋友的一句胖了，便拼命减肥。而如今年过三十、日益成熟的我，更愿意取悦自己，更愿意在做任何决定之前，问一问自己的内心，这是我愿意做的吗？

正如周笔畅在《我选择喜欢你》里唱的："我选择喜欢你，只不过是取悦自己；守护你，可能为了感动自己；好好珍惜你，无非把幸福安乐留给自己。"

归根到底，所有的取悦，最终都无非是为了获得幸福。只有让自己快乐，一切才有意义。所以，与其将快乐的钥匙交给别人，不如让自己掌控快乐。

这个世界就像一面镜子，你是否愿意取悦自己，决定了你是否能感知生活的美好。人生短短数十年，我们每天努力地前进，一点点儿地变得更美好，我们不断提升自己，从来不是为了取悦他人。我们是自己的主体，我们可以自己爱自己，自己治愈自己，如果非要说取悦谁，那也只能是自己。在童话《爱丽丝梦游仙境》里，白皇后对爱丽丝说：你活着不是为了取悦别人，选择，掌握在自己手中。

你所有的努力，不只是为了讨好这个世界，而是为了可以做喜欢的事、交喜欢的朋友、买喜欢的东西、爱想爱的人。取悦自己，才是努力生活的仪式感。

分手，需不需要仪式

告别过去，放过自己，尊重对方，成全彼此，然后更好地沉淀，重新开始。有仪式感的分手，才是最从容、最体面的分手。

1

与前任分手后，很长一段时间里，我躲在记忆的硬壳里，不肯走出来，总是给自己画地为牢，像放电影一般在脑海里翻来覆去地想他、想我们过去那些甜蜜美好的小时光。我甚至会在心里一遍遍的暗示自己，未来的某一天，我们会久别重逢，然后原谅过去，宛如新生般重新来过，不计前嫌好好地再爱一回。

闺蜜恨我不争气，问我为什么不能像当时她失恋时我劝她那样，干净又利索地忘记，为什么要在爱情里给自己制造苦果。我笑一笑，没办法，敏感如我，只有一点一点去遗忘。

2011年的一个午后，我在一个共同的朋友群里看到了他结婚的消息，顷刻间，泪水止不住地往外涌，仿佛郁积多年的情绪全部卡在了喉咙，喷薄不出来，也咽不回去，难过至极。记得那是一个周末，我坐在宽大的飘窗上，将自己缩卷在刺眼的阳光里，毫无骨气地狠狠哭了一场。

那时，距离我们分手已经过去了很久，久得我记忆里的他，已经逐渐模糊。也是在那一天，我郑重地拿出了这些年珍藏的，所有关于他的东西，擦干眼泪，忍着心痛，和记忆中的他，和青春岁月的那段美好时光，来了一场告别仪式。我在心里默默告诉自己，我要去追寻新的未来和新的幸福了，未来的路，我们各自珍重。

后来，我退出了所有和他有关的群，删掉了他的联系方式，不再打探他的消息也不再把自己推向回忆的深渊，仿佛这个人，从未出现在我的生活中那样；再后来，我认识了先生，尝到了另一种不一样的甜蜜爱情；再再后来，我和先生结婚了，有了可爱的宝宝，生活的重心开始转移。

在我终于逃出回忆的桎梏后，才真正明白，人生的路上，我们会与许多人同行，也会与许多人走丢，不论友情还是爱情，结伴时珍惜，分别后坦然，无论经历怎样的孤单与痛苦，始终保持对生活和幸福的敬畏，始终怀揣让自己走出悲伤氛围的勇气与力量，这才是爱情，最好的仪式感。

2

分手之后，几乎所有的人都在告诉我们，要尽快从伤痛中走出来，尽快扫掉阴霾，尽快开始新生活，却没有人理解我们内心积蓄的压抑情绪，也没有人替我们分担失落的负面情绪。所以，在确定分手后，我们需要为自己举办一场仪式，笃定地告诉自己：从今以后，那个曾经亲密无间的人，就是我们生命中的过客，那些甜蜜幸福的瞬间，就是时光深处的美好记忆，让分手真正地在我们内心深处生效，让我们从心理上，接受这段亲密关系的结束。

这个仪式，可以是写一封信或一段文字，将分手的心情、想说的话，真实地记录下来，待心情平复后，拿出来悼念；可以是来一场独自的旅行，寄情山水，在美丽的风景中疗伤并重新开始；可以是大醉一场，将一切甜蜜的曾经以及痛苦的现在，溶解在苦涩的酒里和冰冷的泪里，清醒后，洗一把脸，笑对生活；可以是剪掉柔顺的长发，在剪刀起落的瞬间，舍弃千丝万缕的联系和过往的牵挂；也可以是风轻云淡，仿佛一切从未存在，一切从未发生，一切从未结束……

总之，给自己一点时间，好好去释怀，好好去遗忘。分手的经历不会消散，但至少我们可以让它变得柔和。当我们再次提起它时，它不会变成沉重的石头，它会像风一样，轻轻拂过我们的面颊。

最好的分手仪式是接受和拥抱，而不是摒弃。承认结束，才能拥抱开始。

3

和发小一起去看电影《前任3：再见前任》，从电影院出来，发小淡淡地说："分手最好的仪式感，不是什么吃饭、互还礼物，而是当面好好说一句再见，只有看到他的决绝你才会知道他是真的不爱了，放过他也放过我自己。"

前不久，发小刚刚和男友分手了。爱了四五年，彼此间说的最后一句话就是“再见”。然后，发小果断地收拾行李住进宾馆，第二天便顶着烈日找房子，再也没有回头。

这般干脆利落的动作，一度让我怀疑，真的不痛吗？只是如果不痛，为什么会将自己关在房间里喝得伶仃大醉、失声痛哭？为什么会在夜深人静的时候分享一些感伤的句子和感伤的歌，第二天醒来就匆匆删掉？

说到底，还是痛的、不舍的。可是对方已经转身，甚至有了新欢，一切已成定局。既然已经输了，不如输得漂漂亮亮、不卑不亢。所以她不允许自己说出挽留的话，更不允许自己在前任面前露出狼狈逃走的样子。

分手应该体面，才会不辜负那些年在一起的美好。好好地道一声“再见”，最后做一次道别，再相见，便是路人。这大概是分手，最庄重的仪式。

分手后不可以做朋友，因为彼此伤害过；也不可以做敌人，因为彼此深爱过。真正爱过的人，应该是一拍两散、一刀两断。所谓分手的仪式，不是互还礼物、互删拉黑，更不是一起吃个散伙饭，而是好好说一句“再见”，不诋毁不祝福不联系，一别两宽，各生欢喜。

4

林志玲说过：“无疾而终的感情，会让人长期处在一种莫名的恐惧和伤害当中，好像每一件事、每一句话、每一首歌，都会让你掉进一种苦海和眼泪当中。”

堂妹和男友分手后一直很痛苦。有一次闲聊我问她：“到底是什么原因导致了你们的分手呢？”堂妹红着眼眶嘟哝一句：“我哪里是被分手了，简直就是被扔掉了。”

堂妹说，开始时还好好的，后来就不联系了。她不知道这是结束，还以为是对方太忙或者生气了。时间一长，才慢慢明白过来。连一句分手都没有，一切就结束了，堂妹很不甘心，她发微信给对方：“能不能说清楚再说再见？”许久，对方回复了两个字“可以”，却再也没有出现。

表妹的一腔热情，渐渐变成了不甘心，又渐渐变成了委屈和无处可发的愤怒。她说，不是承受不起分手的痛，只是接受不了以这样的方式结束。她甚至不知道自己做错了什么，这段关系，究竟哪里出了问题。

的确，有始无终的爱情，是最沉痛的打击，凭什么恋爱的时候是一起谈的，分开了却没有一个结果。我宁愿下一场刀子雨，也要故事有一个结尾，即便没有解释，至少也要亲口说一句“结束”，我可以与你风光地开始，也希望能够明白地结束。这是分手的仪式，也是我对自己的交代。

相爱时彼此珍惜，结束时互相告别，道一声珍重。即便我们不能相守到最后，也要对同行的时光心怀感激。有始有终，才是爱情最好的仪式。

辑六

仪式感，婚姻生活中行走的『保鲜剂』

婚姻来不得半点敷衍。

所谓不幸福的婚姻，

不过是因为你懒于表达，疏于经营，

让婚姻的花园长满了杂草。

婚后生活除了柴米油盐，

除了相互扶持，

还需要浪漫的仪式感来维持。

婚礼仪式，真的不是走过场

一个有仪式感的婚礼，才会让婚后平淡的生活，更加鲜活。一个用了心的婚礼仪式，在以后漫长的婚姻生活中，在某个失望甚至绝望的时候，你想起嫁给他的这一天，才会心生希望。

1

曾经自诩“实用主义”的我，总是将仪式感与形式主义混为一谈，总觉得繁文缛节没有任何意义。甚至多年前对于自己的婚事，也没有进行太多的仪式，和先生随意选了一个彼此都休息的日子领了结婚证，又请亲戚朋友随意地吃了顿饭，便将自己“丢”进了围城。

这些年，每一次和先生参加婚礼，看到那些精致的装饰、感人的场面，先生都会跟我“抱怨”几句，而我也只是轻描淡写地安慰他：“都是走过场的事，别在乎。”真是言不由衷。

如果真的不在乎，为什么会在别人的婚礼上我会感动得稀里哗啦？为什么每次婚礼的音乐响起，我的心就会变得柔软而庄重？为什么看到新娘的手捧花，就会升腾起莫名其妙的幸福感？

当时光逐渐将曾经的“实用主义”打磨成一个有仪式感的女人，我早已明白，一个有仪式感的婚礼是可以铭记一辈子的。

新娘身着洁白的婚纱，手捧着鲜花，美丽得像童话。父亲牵着女儿的手走过红毯，眼睛里流露出的全是庄重、不舍和希冀。身着礼服的新郎站在不远处，期待着未来的岳父将一生的挚爱交给自己。在所有亲朋好友的见证下，一对璧人交换象征着生命与爱的戒指，在觥筹交错里切下幸福的蛋糕，对彼此许下一生守护的誓言。

这样看似“表演”的婚礼，实则充满了对生活、对人生的期待与敬畏，每一处细节彰显的都是心意，每一个眼神蕴藏着的都是希望；每一句话语表达的都是真心。当身穿礼服的两个人在花团锦簇中完成终身的托付，一切都在泪与笑中得到了最好的诠释。

生活或许可以随缘，但婚礼一定不能随意。

2

在这个注重个性的时代，许多年轻人对于婚礼仪式的态度，就像佛教徒对待荤菜的态度一样，充满嫌弃。

曾经在一篇报道中看到，有7成的90后都表态说结婚不愿办婚礼。因为怕麻烦，因为不想被围观，他们更愿意选择旅行结婚等更低调的浪漫。网上关于原本打算办婚礼的小夫妻在婚礼前夕临阵退缩的报道更是十分常见。因为受不了办婚礼的繁文缛节和劳心劳力，因为不愿八面玲珑地去应付四方宾客，他们退了酒店，撤了婚庆，让原本美好的一切变了味道。

演员黄磊曾在节目中对这种做法提出了反对意见，公开表达了“无婚礼，不嫁女”的意愿，他说：“我也经常幻想女儿出嫁的画面。但是如果有一天，那个男的跟我女儿说，没有婚礼。我就会跟我女儿说，不要嫁给他，连那样的一个仪式感都没有，我觉得是不对的。”

或许是有感而发吧。黄磊当年和孙莉几乎是完全的裸婚，没办婚礼，没买戒指，没有誓言，连结婚照都是在家里随手拉块红布拍的。据夫妻二人回忆说，在一个很普通的早上，一觉醒来的黄磊对孙莉说：“咱们结婚吧！”然后，洗漱完毕的两人，直接奔赴民政局，领了结婚证，完成了人生的大事。

或许缺失了那份重要的仪式感，多少会有遗憾吧。2015年，为纪念两人相识20周年，黄磊和孙莉在两个女儿的见证下补办了一场隆重的婚礼。对于这场姗姗来迟的盛大的婚礼，黄磊这样说道：“举办婚礼是用仪式来见证我们一生的爱情，用仪式的方式，给对方、给自己、给他人一种见证。”

爱情需要仪式来见证，而婚姻更需要仪式来维系。

3

或许是因为结婚的时候都缺少了那一点仪式感，或许是因为能产生共鸣，先生总是喜欢跟我讲黄磊和孙莉的故事。

我和先生的爱情十分俗套。原本傲娇的我是看不上木讷的他的，后来在长时间的接触下，他的诚实和体贴逐渐闯入了我的内心，于是我们顺理成章地在一起了。谈婚论嫁时，我们既没有经济实力，也没有时间。于是在某个空闲的时刻，我们到民政局领了结婚证，然后回彼此的老家请亲戚朋友吃了顿饭，就正式步入了婚姻生活。

和现在很多男孩女孩结婚前要有房有车不一样的是，那时候的我们，除了未来，一无所有。婚后的生活虽然平淡，但两个人互相取暖、互相包容，倒也惬意。慢慢地，我们有了房，有了车，有了女儿，日子一天天丰盈起来。可是这些年，总是觉得缺少了一点什么。

每次参加别人的婚礼，这种缺憾的感觉就会更明显。我们夫妻都明白，当年潦草结婚所缺失的那一个充满仪式感的婚礼，是我们婚姻生活永远的遗憾。一个有仪式感的婚礼，才会让婚后平淡的生活更加鲜活。

所以，如果你还单身、如果你还沉浸在甜蜜的恋爱中，如果你正准备和另一半携手走进婚姻，请你一定记住我这个过来人的忠告：别辜负自己，更别辜负爱情，一定要办一场有仪式感的婚礼，无论奢华还是简约。

4

曾经的我，从内心深处认为举办婚礼是一件超级俗的事。然而真正走过结婚这条路，在时光的鞭策中，才深刻体会到，一个女人，从原来的家庭，进入另一个家庭；从一种生活，过渡到另一种生活，实在是太需要一个仪式了。不同于千篇一律和走过场，这个重要的仪式应该是独一无二的、有感而发的、具有自己的特色并融合了自己的感情，才能彰显生活的态度。

婚礼代表着相爱的两个人，将携手共度一生。这一天，男人将真正长大成人，女人也将迎来一生中最光彩耀眼的时刻。度过这漫长而短暂、辛苦而幸福的一天后，男人和女人将告别曾经的自己，告别父母的羽翼，共同扛起家庭的担子，养育孩子，照顾父母，打拼事业，操持家务。而婚礼的仪式，既是告别的感言，也是新生的希望。

注重仪式感的人看重婚礼，更看重婚后的幸福生活。当岁月中的平淡或者摩擦让人身心疲惫的时候，当面前的人不再那么有魅力，甚至有点嫌弃的时候，回忆起身披婚纱的那一天，回忆起互说誓词的那一刻，便会重新充满温暖与力量，不再彷徨和犹豫。

如今的我，之所以提倡在婚礼这件事上不将就，之所以鼓励提高结婚的门槛，是因为这种门槛代表的是彼此的心意。而心意是这世上最珍贵的东西，它不能用金钱来衡量，它需要付出真心。

在举办婚礼这件事上，女人一定要对自己更好一点。付出得越多，越会珍惜；越容易得手的，越不会被重视。当一个男人，连一个体面的婚礼都不愿意给你，在开始的时候，便以将就的态度走入婚姻，又如何保证，他在婚姻里面能够有更好的表现？

对于女人而言，婚姻的最大幸福或许正是男人在即将和你共度人生的时候，尽自己所能，给你一个用了心的婚礼仪式。在以后漫长的婚姻生活中，在某个失望甚至绝望的时候，你想起嫁给他的这一天，才会心生希望。

许多女人在结婚的时候，往往为男方考虑，处处委屈自己，表面上很懂事，实则是为以后的生活，埋下了不好的伏笔。当历经生活的磨难，蓦然回首，你总会发现，原来当初的妥协和将就，只是自己的一厢情愿而已，再多的恩情，都抵不过岁月的流逝。

所以，不要放弃让自己拥有一个充满仪式感的婚礼的权利。要明白这个婚礼的仪式，不仅仅是属于你自己，更是属于你们的家庭。

他强大，我不依附；他失意，我不至于落魄

我们努力，并非一定要为“嫁得好”，还要为嫁了之后，他强大，我不依附；他失意，我不至于落魄。这才是婚姻生活最好的仪式感。

1

我的一个朋友——小冰，10年前刚到深圳的时候，住在福田区红树林旁边的城中村，周围是顶级豪宅和大海。她常常自嘲是“富翁窟里的贫民”。

每天，她都会穿过杂乱阴湿的小巷子，经过一些闪着暧昧色彩的发廊，打开生满铁锈的大门，到达自己租的30平方米左右的房子。

有一天，我们手牵着手在红树林公园散步，她突然停下来对我说：“如果我每天都很努力，是不是可以在深圳买一间属于自己的房子？”事实上，她确实很努力。

每天晚上，她都在公司里加班到晚上10点左右才下班，即使所有的工作都做完了，她也会静下心来学习一些新的知识。3年

来，我从没看见她休过一次病假、事假。即使痛经痛得捂着肚子颤抖着，第二天，她依然装着职业装精神抖擞地继续工作。

3年后，她从部门秘书升为总监助理，工资从6000元涨到15000元。这一次，她更拼了。高烧烧到40摄氏度，打了退烧针她又接着去上班了。四年后，她从总监助理升为CEO助理，工资涨到了22000元。

这时，她在红树林旁边的豪宅区有了自己的150平方米的房子。因为她嫁给了一个外企高管。

2

“干得再好也不如嫁得好。”说起小冰时，每个人都给出了同样的结论。真的是这样吗？绝对不是。

小冰确实是嫁给了一个外企高管才有了豪宅，但没有人关心她是如何嫁给外企高管的。小冰的老板是一个40多岁做事严谨、要求完美的人。他说，在他的5个助理中，小冰是最好用的助理。

何为“好用”？就是每次老板带着小冰去签合同、见客户时，小冰都会提前把客户的所有资料都查得一清二楚，甚至连星座也不放过。在见客户的途中，小冰还会提醒老板如何找到话题切入点，为此小冰自己建了一个客户资料统计表，把每一个客户的生日、星座等一些信息录入进去。有时，老板与对方谈话时，对方的一些细微表情她都记录在案，以便下次再见面时，提醒老板规避或展开此类话题。

其实，这都是一些再琐碎不过的小事，但能把这些小事做得如此完美的人，却是很少。至少，在小冰老板的其他5个助理之中，她是做得最好的。

老板非常看中小冰，听说她还没有男朋友时，便为她介绍了现在的丈夫。30岁的外企高管是老板留学时的学弟，同时也是老板的追随者。当听老板说，要介绍一个难得的好女孩给他时，他倍感好奇。小冰的老板是个非常挑剔的人，学弟几乎从没听见过他夸奖过一个人，唯独对小冰特别赞赏。

就是这份好奇，让小冰走进了这位外企高管的心里，并有了后来的爱情和婚姻。所以，小冰嫁得好，首先是因为她干得好。因为她自己的努力和优秀，才能得到老板的赏识，继而把她介绍给外企高管，才有了后来的“嫁得好”。

3

我记得郭晶晶在嫁给霍启刚后，面对诸多人评论她“嫁得好”时，她曾说过这样一句话：“你想嫁到什么高度，先得把自己送到什么高度。”

如果你也想像小冰或郭晶晶一样“嫁得好”，首先你得要有“嫁得好”的资本。要不然，人家看上你什么？看上你一身肥肉？看上你好吃懒做？看上你胸大无脑？看上你又傻又天真？

当然，我这样说，也并非告诉大家，要把努力的目标定为“嫁得好”。电视剧《我的前半生》里的罗子君“嫁得好”，嫁了以后，依附丈夫，沉溺在养尊处优的生活中，结果最后失去了家庭。

身为女人，我们努力并非一定要为“嫁得好”，还要为嫁了之后，他强大，我不依附；他失意，我不至于落魄。这才是婚姻生活最好的仪式感。

从2012年结婚至今，我已经度过了6年的婚姻生活。在这6年里，我从没有一刻想过要在家做“全职太太”，依附别人生活。即使是刚生完孩子的第一年，我一个人白天带孩子，晚上等孩子睡了以后起来写稿。虽然累，但却倍感成就。

也许是很早之前看了太多的林徽因和三毛的书，所以，我很明白：女人，与其把青春、把人生维系在男人身上，还不如先挣点儿钱。挣钱能得到什么？只要你赚的不是不义之财，在你获得金钱的同时，你还能收获价值感，收获职场技能的提升，收获人生格局的进步和成长。

在职场里，最好的安全感是，任何时候当你离开公司时，你都可以有同等收入的工作；在婚姻里，最好的安全感是，任何时候离婚，你都能独自把孩子养大，而且不会降低生活质量。

我努力赚钱，不是因为视钱如命。而是，我不想因为钱和谁在一起，更不想因为钱而离开谁。如果你问我爱情和面包，我选择哪一个？我会毫不犹豫地告诉你：你给我“执子之手”的爱情就好，面包我自己会买。

亲爱的女人，与其把时间和精力花在研究如何嫁得好、如何查岗、如何斗小三上，还不如先强大自己，多挣点钱，把跟男人死磕的精神，花一点儿在工作上，你的格局或许会有所不同，你的婚姻也会幸福许多。

爱自己，
我才有资格爱你

当你拥有了依靠自己的双脚平稳站立的本事，你平凡的人生才会有更好的可能，你才能翻越生活的高山，看见更美的风景。

1

几年前，我看过一则关于田朴珺的报道。田朴珺是王石的恋人，他们之间的忘年恋曾经引发热议。后来，田朴珺出版了一本名叫《习惯就好》的书，这本书总结回顾了她的成长过程，包括：她大学时因走穴赚广告费而被劝退；她从服务生、销售员做起，一步步创立自己的公司；她投资拍摄电影、去纽约电影学院读书以及她和王石如何在商学院相识。

田朴珺曾多次在媒体面前谈到，自己是一个有自我要求的人，喜欢结交成功人士取长补短。她对自己的评价是，“很会自我驱动，喜欢独立和自我强大”。

那篇报道里提到了田朴珺的“拼”：在最忙的时候，她每天只睡4小时，要组建团队，要自主创业，还要做电影投资及创作。

在纽约求学时，她经常白天上课，晚上用长途电话管控国内的房地产项目，凌晨还要修改国内的剧本项目……

人人都以为田朴珺与比大自己几轮的王石在一起是为了钱，可是田朴珺却出乎意料的在访谈中提到，她从没要王石赠送任何礼物，就连约会，她也常常主动埋单。当王石第一次单膝跪地向她求婚时，她拒绝了，因为她觉得，自己还没有强大到能与他平起平坐。直到后来，她在不断地历练中终于达到了自己认为的与他匹配的标准，她才答应了王石的求婚。

这篇报道确实颠覆了我对田朴珺的认识。后来，我在网上仔细查阅了她的履历，才心生敬佩，和普通平凡的我们比起来，这个女人确实足够优秀、足够拼、足够爱自己。她也的确有资本拥有如今所拥有的一切。

田朴珺的故事告诉我们，只有当女人足够独立的时候，她才会拥有爱自己、爱对方的底气，她的婚姻才会更稳定、更幸福、更充满仪式感。

2

这世间，不知道有多少女人因为“干得好不如嫁得好”的谬论而将自己置于了水深火热之中。

我们身边，总是有许多女人，为家庭、为孩子付出了全部的青春年华，等孩子渐渐长大、丈夫事业有成时，却丢了珍贵的自尊、自由和安全感。对于她们，我总是怜悯又气愤，怜悯的是她们失去了幸福的资本；气愤的是她们想不明白，当女人失去经济底气时，连抱怨的资格都会一并失去。

我的表姐多年前在表姐夫的信誓旦旦中辞掉了原本稳定的会计工作，选择留在家中照顾孩子，支持表姐夫在外面接工程。

这些年，表姐夫的事业越做越大，钱越挣越多，但表姐脸上的笑容却越来越少。人人都说表姐命好，过着锦衣玉食的生活，一生无忧。只有我知道，每到夜深人静，独守偌大空房的表姐那份无可奈何的凄苦寂寞，以及每次闻到表姐夫身上其他女人的香水味却不敢质问的那种隐忍憋屈。当表姐无数次在电话里默默流泪时，我不是没有劝过她离婚，给自己自由，可是除了流泪与重复说一句“他说过会养我一辈子”之外，她始终鼓不起勇气离婚。

现实生活中，像表姐一样的女人，大有人在。她们又何尝知道，时光流转，男人的誓言是经不起推敲的。在长期的圈养之中，她们将自己活成了金丝鸟，面对丈夫的不爱、不尊、不敬，面对丈夫的家外有家，她们除了睁一只眼闭一只眼，除了无用的抱怨，别无他法。如此疼痛的爱情会纠缠一生。

为了向毕加索讨一点慈悲，朵拉马尔无数次自残，歇斯底里和神经质让隔了几个世纪的我都为之心疼；还有罗丹的情人，为爱而发疯，也因爱而崩溃……

当然，我的表姐并没有疯掉，她有着自己发泄的独特方式。当她怀着破碎的心如常生活，当她频繁出入高档美容院与健身房，买回各式的大牌服饰、包包，在纸醉金迷中吞噬自己的寂寞与恐惧，她也将自己活成了最悲情的女人。

3

缺乏安全感是女人的口头禅。事实上，在这个浮躁而广阔的世界，能够带给女人自尊和安全感的，只有女人自己。

女人只有先学会爱自己，才有可能让别人爱上你。比起男人的怜悯或依赖他人，依靠自己努力工作挣得的收入所带来的物质享受和安全感，才更踏实。这个世界上，谁也不是谁的保护人，更没有人可以保证一辈子照顾我们、帮助我们，我们唯有通过自己的实力和努力，唯有独立，才能争取到自己想要的生活和幸福感。

那么，女人该如何独立呢？有一种从意识、情感、行为三方面去实现独立的方法，或许可以帮助到你。具体来说，这个方法主要包括以下5个步骤。

（1）自立，拥有一份工作和稳定的收入

正如“大树下的小树永远长不大”一样，当一个女人始终依附他人时，她将永远得不到独立、自尊和安全感。努力扔掉依靠的拐杖，学会自食其力，是女人实现独立的关键一步。一份自己喜欢的工作、一份稳定的收入，一方面能让女人获得稳定的经济来源、提高生活质量，另一方面也能让女人实现自身价值的最大化。

（2）自爱，强大内心、丰富自我

你若盛开，清风自来。一个懂得自爱的人才会懂得去爱他人，一个内心强大、内在丰富的人才会吸引更多的人来好好爱你。

（3）自信，开发潜能提升自我

自信是成长的第一步。一个独立的女人，一定是对自己充满信心的。她知道自己的优势，更清楚自己的劣势；她懂得扬长避短，更明白补齐短板；她随时保持着对自己清晰地自我认知和目标设定；她从不妄自菲薄，更不低估自己。

（4）自乐，充实生活交益友

独立的人生不外乎就是既拥有自娱自乐的能力，又能够安排好自己的生活；既拥有广泛的兴趣，又拥有志趣相投的朋友。独处时不寂寞，人群中能合群，既能静坐桌案，心无旁骛地看书写字，也能呼朋唤友，一起逛街、聊天、娱乐。当生活足够充实和精彩时，哪里还有时间去思考是否幸福呢？

（5）自知，善于改变自己为人处事的方式

深入地了解自己，全面地认识自己，知道自己的需求与喜好，也懂得自己的定位和未来，不自我设限，更不人云亦云，当我们学会了与自己更好的相处，学会了自我担当和自我提升，我们又何必惧怕被社会淘汰、被他人遗弃呢？

当女人拥有了依靠自己的双脚平稳站立的本事，她平凡的人生才会有更好的可能，她才能翻越生活的高山，看见更美的风景。

好婚姻，浪漫的仪式感如锦上添花

生活需要仪式感，即便那些在生活中骁勇善战的女汉子，也有渴望浪漫的软肋。那份由仪式感带来的温馨和甜蜜就像麻醉剂一般，能让你忘掉生活的劳累与烦恼。

1

男人和女人对待节日的态度，似乎有天壤之别。常常听到身边的男性朋友、男性同事抱怨：“今天老婆过生日忘记准备礼物，又惹老婆不高兴了。”

是的，女人爱过节。不管是生日、结婚纪念日，还是情人节、七夕节，甚至儿童节、“520”“521”等，她们都十分重视。而男人却嫌节日麻烦，他们对待节日的态度更多的是想起来就发个红包走个形式，想不起来就不了了之，常常引得女人抱怨连连。

事实上，男人并不知道，女人之所以爱过节，并不是她们贪图礼物，而是为了给平淡的婚姻添一点颜色和一些仪式感。

当女人走进婚姻，便要承受来自工作和家庭的双重压力，偶尔在平凡的日子里过个小节，浪漫一下，是她们放松心情的秘密武器。如果男人能理解女人的小心思，满足女人的渴望，她们的幸福感便会更强烈。

生活需要仪式感，即便那些在生活中骁勇善战的女汉子，也有渴望浪漫的软肋。那份由仪式感带来的温馨和甜蜜就像麻醉剂一般，能让女人忘掉生活的劳累与烦恼。

2

印象中的父亲和母亲很少发生激烈的争吵，每次她们闹矛盾，妈妈便会赌气不理爸爸，爸爸倒也不生气，自顾自就出去了。这时，妈妈总会气鼓鼓地对着爸爸的背影低吼："走就走，谁怕谁，有本事走了就别回来呀。"

爸爸离开的时间一般不会超过一顿饭的工夫。每次他回来，手里都会拎一些送给妈妈的小礼物，有时候是一袋水果、几块蛋糕，有时候是一件打折的衣服、一根漂亮的头绳。看到爸爸的礼物，妈妈的气便消了一大半，爸爸再说几句玩笑话，两人之间的火药味便散尽了。

隔不了多久两个人又会因为某些事发生矛盾，爸爸又会离家出走，然后又是故伎重演。

小的时候我并不懂得爸爸的睿智，渐渐长大，组建了自己的家庭后，才明白父亲的良苦用心，正是爸爸那些吵架后的小浪漫和小把戏，以及爸爸智慧的处世哲学和建立起的生活的仪式感，让父母和谐地维系了一辈子的婚姻。

3

在平淡琐碎的时光里，有太多的夫妻都将生活过成了一地鸡毛，不是一成不变，就是争吵不断，甚至连坐在一起好好吃顿饭，都变成了一种奢望，要么各自抱着手机不松手，要么看着电视不回头，两个人虽然坐在一起，却像陌生人一样各忙各的。问题是，当理想婚姻里的嬉笑逗乐，只剩下了相顾无言的索然无味，那婚姻，还是我们想要的婚姻吗？

或许在经营婚姻这件事上，我们都应该学学桃姐。桃姐是高我两届的学姐，也是我十分欣赏的女人。她的生活充满了仪式感，婚后也是一样。

每个月，桃姐会专门挑一天，和老公一起在家认认真真地做顿饭。早上起床后，两个人手牵手，漫步到菜场买菜，回来的路上，再顺便逛逛花店，买一束漂亮的鲜花。回家后，桃姐会认真挑选一个精致的花瓶把鲜花插上，摆在铺了桌布的餐桌中间。

桃姐做饭的时候，老公会在一旁打下手，有时候也会聊一些各自在公司发生的趣事，说到精彩之处，两个人一起开怀大笑，彼此的心便在欢笑中更加靠近了。吃饭时，他们会把手机丢到一边，就着红酒和音乐，一心一意地陪伴彼此、享用美食，即便不是烛光晚餐，也一样温馨。

桃姐和老公并非每天都这样，在日常的生活中，他们也会有摩擦和烦心事，然而这每月一次的做饭时光，却足以满足他们内心对幸福婚姻的渴望。

浪漫的仪式能够让婚姻锦上添花，临睡前的互道晚安，早上醒来的第一个吻，平淡生活里的一蔬一饭，两个人吃饭时的侃侃而谈……事实上，婚姻中的浪漫和仪式感并没有那么难，重要的是你有没有这份心。

辑七

成长需要仪式感，给孩子最好的『富养』

用心教育，用爱陪伴，

偶尔制造一些惊喜，

让孩子感受到被重视和被尊重，

这是你给孩子最好的“富养”。

成长于有仪式感家庭的孩子，

心灵更容易被滋养，也更易感受到幸福。

有仪式感的家庭，养出幸福的孩子

仪式感的本质，就是爱和珍视。用心教育，用爱陪伴，偶尔的创造一些惊喜和仪式，这是我们给予孩子最好的“富养”。

1

上周末女儿学校举办了一场音乐会，这也是女儿的第一场音乐会。老师在群里宣布消息的时候，特意提醒出席的家长们，一定要着正装。

因为路上堵车，我们到得有点晚。入席时，小小的礼堂已基本坐满了。我看见所有的孩子都是和家长分开坐的，孩子们坐前排，家长坐后排。

我问老师：“孩子和家长分开坐，没家长在旁边管着，还不乱成一锅粥啊？”

老师笑笑：“放心吧，他们穿着西装和礼服呢。”

尽管老师自信满满，我依然有点儿忐忑。出人意料的是，整场音乐会，秩序非常好。那些坐在前排的孩子们，大到十几岁，小到三四岁，个个聚精会神，轮到自己上台时，也是从容有序，在老师的带领下，上场、表演、退场，丝毫不乱。一场45分钟的音乐会，别说喧哗、玩闹，就连开小差的都寥寥无几。

这景象和彩排时简直天壤之别。彩排那天，孩子们毫不顾忌地聊天、打闹，年龄小点的孩子，甚至站在椅子上跳了起来，即便有老师在台上声嘶力竭地大声强调秩序，有家长在身边不断低声提醒，也无济于事。

在安静优雅地欣赏了一场演奏会后，我终于明白了老师在演奏前宽慰我的话语里的真正含义。演奏会那天，孩子们都穿了西装和礼服裙，盛装出席。小男生们梳了酷酷的发型，小女生们也涂上了漂亮的彩妆，在暖光氤氲、气氛唯美的音乐厅里，连平时最欢脱的孩子，脸上也带着明星走红毯一般的庄重。

而这一切凝练起来，便是仪式感。正式的服装和场合，隆重的仪式，能够激发孩子心中对事情、对自己、对他人的尊重，然后主动提升自己的专注力，认真对待这件事情。

对于孩子们而言，有仪式感的日子会让他们变得与平日的自己不同。

2

重视每一个充满仪式感的日子，给孩子惊喜，让孩子感受到被重视和被尊重，是我眼中对孩子最好的“富养”。

在我看来，让每一个具有纪念意义的日子充满仪式感是维持家庭幸福的重要秘籍。因此，我会重视属于女儿的每一个重要日子，她的生日，她第一次学会说话、走路的日子，她上学的日子，她参加毕业典礼的日子……通常，我会认真挑选礼物，并字斟句酌地亲手写好祝福卡片，读给女儿听，然后把它们珍藏在我们自己制作的画册里。

每年在女儿生日来临的前两天，我都会正式找她聊聊天，告诉她一个特别的日子就要来临，她即将年长一岁，也希望新的一年，她取得更大的进步，得到更好的成长。我会在前一晚熬夜布置房间，吹气球、系彩带、写贺卡，让女儿在生日当天一睁眼，便收获巨大的惊喜。

等到生日真正到来时，我会为女儿举办温馨的生日聚会，一家人聚在一起为女儿唱生日歌，陪女儿许生日愿望、切蛋糕，和她一起根据她的兴趣爱好去制定她新一年的生日目标，鼓励女儿大声地说出自己的生日目标，并请在场的所有人为女儿做见证，让这件事情变得有仪式感，赋予女儿使命感，从而督促女儿在未来的生活中为了生日目标而不断地努力。

这些充满仪式感的日子，是我们家庭幸福的黏合剂，它给了我们互相诉说深情与感谢的机会，让我们彼此接纳和认可及凝聚。

3

一个缺少了仪式感的家庭，是很难培养出充满幸福感的孩子的。

不知从什么时候开始，我养成了一个在晚上8～10点从成年人的世界“消失”，专心致志陪孩子的习惯。每天晚上一到8点，我便会当着孩子的面将手机调到勿扰模式，然后郑重其事地将手机放进抽屉里。每次当我关上抽屉的那一瞬间，孩子都会开心地大叫：“开始玩喽！”在那一声幸福的尖叫里，蕴藏着孩子由衷的快乐，开启的是我和孩子之间毫无干扰的高效情感交流，让我特别享受。严格来说，我不算特别有毅力的人。而这个习惯，这个和孩子之间无声的约定，我却雷打不动地坚持了许多年。

生活中许多父母对孩子的陪伴，并不能真正称为“陪伴”，顶多算“陪着”。虽然他们人在孩子身边，心却依然停留在手机里的工作、社交和娱乐里。每次手机一响，她们便迫不及待地去看一看，看完之后，又不知不觉点入下一个链接，然后忘乎所以的将孩子晾在一边。

曾经，我也是这样的妈妈。每次当我独自看着手机，将女儿丢在一边的时候，女儿都会格外落寞。有一次，我又一次在陪孩子的时候接了一个电话，当我挂断电话后，却看到了女儿脸上的泪痕，我试图去安慰她，却被她一把推开。她暴躁地冲我吼道：“你去做手机的妈妈吧。”那天，我认真地反思了很久，然后做出了陪孩子前把手机隔离的决定。

最开始，我将手机调成勿扰模式放入抽屉，只不过是对自己的一种强制性约束。渐渐地，它便成了我们家的一个仪式：不论谁要陪孩子玩，都先把手机隔离起来，然后全心全意地投入到亲子时间。

这个小小的仪式，让女儿十分欢喜，或许在她单纯的世界里，这份专属于她的仪式，既代表着一种安全感，也代表着被爱和被珍视的幸福感。

4

提到养育孩子的仪式感，许多人会联想到在酒店有翻糖蛋糕、有小丑的生日聚会，接着联想到高昂的费用，然后望而却步。

事实上，养育孩子的仪式感是一件十分简单的事情，应该体现在我们生命中那些细微的细节中。它可以是我们对孩子的一些理解和重视，也可以是我们为孩子的生活增添的一些温情、一些感动。早上的第一句“早安”，接孩子放学时的一句“今天好吗”，回家后的一个拥抱，睡前的最后一句“晚安”。每一件小事坚持下来，变成一种习惯，就能成为仪式感。

我喜欢让生活充满惊喜和仪式感，也希望女儿能在偶尔的惊喜和仪式感中得到精神和灵魂的滋养，从而学会做一个精致而富有生活乐趣的人。每晚睡觉前，我会深情地亲吻女儿，用充满仪式感的方式告诉她我对她的珍惜和爱。这个习惯从女儿出生延续至今，雷打不动。

每一年女儿开学发新书后，我都会和女儿一起亲自设计制作书皮，为书本换上带有感情温度的“新衣”。在我们眼里，这小小的一张书皮，既是书本的保护神，也是一本新书开始阅读前的小仪式。因为有了这个小仪式，女儿每次在读到这本书时，都会心生敬畏、格外认真。

每年春节，我会带孩子去照一张全家福，然后整理成册。

这不仅仅是我给孩子的仪式感，也是我父母家里传承下来的仪式感。

事实上，仪式感不必大费周章，也不意味着昂贵和烦琐，更不等于追求形式、追求华而不实的外在浮华。仪式感的本质是爱和珍视，它是通过增加场景的特别性，给孩子留下深刻的美好记忆，让孩子感受到内心的滋养与富足。

我们能给予孩子的最好的“富养”，是用心教育、用爱陪伴，更是偶尔创造的一些惊喜和仪式。

你想让孩子成为什么样的人，你就去做一个什么样的人

你是孩子的镜子，你是什么样的人，你的孩子便会成为什么样的人。做孩子的榜样，这是作为母亲，最好的仪式感。

1

《面对面》节目曾经对董卿做过一期专访，正是在那次访谈中，我被董卿谈及初为人母及继续成长时的姿态深深打动了。在那期节目中，她一袭浅蓝衬衫，一颦一笑中，无不闪烁着初为人母的温柔和坚韧。

在回答王宁“为何在这个时候做了母亲”的问题时，她说道：“人到了一定年龄，很多事情不能再拖了，不然就永远失去这个机会了，人对‘永远’这个词是有敬畏的。”

事业有成、爱情甜蜜的董卿，在迈入40岁的门槛后，选择了做一位母亲，没有早一步也没有晚一步，一切都刚刚好。

初为人母时，她的时间突然被孩子占据，整个人也变得琐碎与平庸，这让她有一些不知所措。因为不愿意做全职妈妈，不希

望孩子的世界只有她，更不希望自己的世界只有孩子。于是，她做出了选择。

当她偶尔因为工作长时间见不到孩子的时候，她也曾怀疑过自己的决定。在她陷入工作与感情的两难境地时，是朋友的一席话点醒了她：“你想让孩子成为什么样的人，很简单，你就去做一个什么样的人。”

董卿明白，在内心深处，她不想因为孩子而止步不前，更不愿放弃继续成长的可能，只有当她变得更好后，在孩子成长的路上，她才能为孩子做更好的榜样，孩子才会对她充满爱和尊敬。确定了这一点后，董卿整理了自己的思路，选择了重新出发。

当时，董卿为自己作出的短期规划是以制片人的身份去筹建节目《朗读者》。对于董卿而言，制片人是一个陌生而具有挑战性的新身份，相比于以前的主持人身份，她需要协调与驾驭的是整个团队，她需要考虑各种纷繁复杂的事情。那段时间，她时常处于绝望的边缘，失眠和焦虑成了日常。尽管如此，每天清晨，她依然会准时出现在办公室，微笑而笃定地向同事们交代要做的事情，和团队讨论选题和内容。在形容节目《朗读者》初期筹建的状况时，董卿这样说道：“一个念头在脑中，两页策划在手上，三个散兵起步，四处磕头化缘。”

她努力又坚韧，学会了继续成长，只为了言传身教告诉孩子活着就需要努力。

2017年，以弘扬中国传统文化，竭力唤醒国人民族文化记忆的节目《朗读者》一经播出，便在社会上产生了极大的反响，观众将它形容成“中国文化的饕餮盛宴”，随之而来的还有对董卿的盛赞。董卿能红透荧屏，似乎是一种必然，当她像翠竹一样屹立在舞台中央，她留给观众的印象，除了端庄大气，还有优雅睿智。

董卿在节目中曾经多次谈及父亲对她的严厉。出生于上海一个高等知识分子家庭的她7岁就开始学习刷碗，中学时还曾到宾馆当清洁工。每年暑假，父亲都会为她列一份长长的书单，于是阅读变成了少年董卿的一项必修课。对于父亲的严厉，少时的董卿并不理解，直到她功成名就时，才懂得父亲的良苦用心。也正是有了父亲的严格教育和言传身教，才让董卿养成了干练严谨、明理知性、不依赖他人的刚强性格。可以想象，未来的董卿，也会将这些美好品格传给孩子。

正如她在访谈中所讲的那样："你希望孩子成为什么样的人，很简单，你自己先成为什么样的人。"你是孩子的镜子，你是什么样的人，你的孩子便会成为什么样的人。

而这，就是母亲带给孩子关于品格、关于榜样最好的仪式感。

2

我总是想不明白，为什么在这个人人都谈论原生家庭重要性的社会，仍然会有那么多做了母亲的女人不懂得什么是榜样。

在一辆公交车上，我曾亲眼见到一位母亲和儿子争夺手机，这位母亲气愤地嚷道："你还有脸打游戏，考试成绩那么差，我都替你感到羞愧。"

孩子只有十来岁，却毫不退让地反击母亲：“你凭什么说我？你自己还不是天天上网聊天、买东西，我们家的钱都是被你花光的。”

母亲显然有点气急败坏：“我是大人，你才多大。”

“大人怎么了？大人就有特权吗？”孩子反唇相讥。

这一幕给我留下了深刻的印象。其实在生活中，像这位母亲一样的女人还有很多，她们在成为母亲后，并没有想过为孩子树立好的榜样，而是甘于平庸，放弃了自我，选择了止步不前。

龙应台认为，做父母也有“有效期”，她曾说过：“在孩子小的时候，父母对他们来说是万能的，是完全可以依靠的，这就是父母对孩子教育的黄金时期，等孩子一到了青少年时期，父母的‘有效期’就快过了。因为该说的、该教的、该做的，都应该早做足了，是验收的时候了，这是验收父母的教育方针，也是孩子对外界的应变能力。‘过期’后的父母再怎么努力，也比不过10年前来得有效了。”

的确，好的榜样是影响孩子一生的力量，一位好母亲抵得上一百个好教师。那些总是抱怨为了孩子放弃了工作与自我、整天围着孩子转，并且还将自己婚姻的不幸福全部都归因于孩子的母亲，是时候好好自醒了。

3

谈到给孩子榜样的仪式感，我有一些心得体会想要与大家分享。

为了让女儿养成爱阅读的好习惯，我自己会先认真阅读。在和女儿的相处中，我会亲身示范，引导她阅读，而不是自己躺在沙发上，指挥她去阅读或者责备她只知道玩而不读书。每晚睡觉前，我会习惯性地读一会书再睡。在我的熏陶下，看绘本也成了女儿睡前的必备节目。如今，女儿已经养成了很好的读书习惯，当我写稿的时候，她便会在一旁安静地看书。

为了让女儿热爱运动，我会经常带孩子到户外去爬山、打球等，而我自己也一直保持着定期运动的习惯。

为了让女儿将来能家庭美满、懂得爱人，我会好好关爱家里的每个人，给孩子创造一个充满爱的成长环境，让孩子从我身上学到爱人的方法。

我身边的许多女性朋友在结婚生子后都选择了做家庭主妇，即便是上班，心思也不在工作上。她们觉得，既要兼顾家庭又要兼顾工作是一件很辛苦的事情，既然家里经济条件允许，为什么要遭那份罪呢?

对于她们的做法，我不敢苟同。在我看来，努力工作不仅是为了挣钱养家，更是为了实现人生的价值，如果真心想兼顾，就一定有兼顾的办法。

我的一个同事为了培养孩子的阅读兴趣专门为孩子买了一些书籍，可是孩子就是不爱看，她为此非常苦恼，便跑来咨询我，问我是怎么教育孩子的，为什么我的女儿那么喜欢阅读。

我问她："你买了那么多书给孩子，你自己平时看书吗？你家里书多吗？"

同事摇摇头："我从毕业几乎就没看过书了，家里也几乎没书，我又不看书，买了也是浪费。”

我笑着告诉她：“这大概就是你家孩子不爱看书的主要原因吧。”

我的这位同事想培养孩子阅读的习惯，自己却破罐子破摔，没有为孩子做好的榜样，孩子没有一个良好的阅读环境，又怎么会有阅读的兴趣呢？

成长原本就是一件简单的事情。当你希望孩子好好成长的时候，你自己便不能放弃对自己的要求。许多妈妈总是将自己不愿努力、不愿再继续成长的懒惰，归结到孩子身上。孩子本身已经目睹了她们的日常行为，当她们对孩子说出诸如“妈妈为了你，放弃了自己的事业，放弃了自己的生活，放弃了自己继续成长的机会”之类的话时，孩子又怎么会信服呢？

成功如董卿，依然懂得在成为母亲之后，以孩子为动力继续努力、继续成长，成就更完美的自己，让孩子为自己骄傲；平凡如你我，又有什么理由放弃成长呢？

生命本身就是简单的轮回，你希望孩子成为什么样的人，你自己首先必须成为那样的人。

你温柔的样子，就是给孩子最好的仪式感

有一种有力量的仪式感，它能够穿越岁月的荆棘，抵御时光的流逝，震撼人心，让孩子感受这世间最美好的温暖，这种仪式感叫“温柔”。

1

不久前，我曾坐高铁去杭州采访。那是我第一次坐清晨的火车。望着窗外初夏的风景在晨曦中一点点苏醒过来，苍山、素瓦、彩霞、河湾，都因阳光而有了奇异的背景，我的内心也充满了诗意。因为是早上，车上人不多，显得有点寂寞。不知在哪一站，上来了一位带着孩子的年轻妈妈。孩子很小，两三岁的样子，大概还不习惯坐车，一直在吵闹。年轻的妈妈温和地哄着，耐心地和孩子说话，转移他的注意力。

“宝宝，你看外面的花是不是开得很漂亮啊？”车窗外闪过一片金光的油菜花田，“宝宝，你看那些树，是不是在倒退？”外面掠过一丛树林，“宝宝，你看太阳，像不像鸭蛋黄？”……

她温柔而细腻的声音，让整个车厢都温暖起来，我顺着她的

手指，也忍不住转头去看窗外的美景。因为离得近，她大约觉得吵到我了，便充满歉意地对我说：“不好意思啊，孩子太小，坐不住，吵到您了吧？”

我微微一笑：“没事，不吵的。”因为心生欢喜，我特意转过头仔细打量她。她瘦且小巧，皮肤白皙，穿一袭水一样温柔的绿裙子，眉宇间满是温婉和羞涩。

那一刻，我仿佛置身于美丽的春天，消除了暴戾转向温柔，瞬间敛气静息，感受到了生活无尽的美好。

2

温柔的女人对我有致命的吸引力，我觉得她们身上具有隐而不发、韧而不硬的气质，自带力量与温度。

何阿姨是闺蜜的妈妈，是我见过的最温柔的女人。她的温柔不只给了女儿和身边的人，还给了生活。每次见到何阿姨，她总是一脸笑容，画着精致的淡妆，穿着得体的衣饰，说话轻声细语。偶尔和别人有一点小冲突，她也不急不躁，总是以温柔化解。

闺蜜说，她从来没见过妈妈发脾气的样子，即便遇到再气愤的事，她也是淡然处之，顶多不搭理人，独处一会儿。我常常带着一脸艳羡，替她有一位情绪稳定的妈妈而高兴。

某次和闺蜜深夜密谈，才知道何阿姨的人生，其实并不是我想象中的那么如意。她经历过两次婚姻，也经历过创业失败。换作他人，一定会将这些视为人生的不幸，而阿姨却十分乐观。她常常认为自己很幸运，遇到的男人都还不错，虽然和前夫性格不合，分手也是自己主动提出来的，但每次谈起前夫，她的语气总是充满感激，她觉得在那些艰苦奋斗的年月里，他还算争气和用心，为女儿创造了衣食无忧的物质环境，即便是离婚后，也自觉地共同承担着养育孩子的责任。

尽管和妈妈、继父一起生活，但在闺蜜身上，丝毫看不出父母婚姻破裂对她造成的影响。她曾不止一次地对我说："我妈妈和叔叔是天造地设的一对。"

再婚后，何阿姨和先生一起经营着一家餐厅，两个人想法一样，兴趣爱好也一样，有很多共同语言，在外人眼里他们夫妻十分默契。

我经常到何阿姨的店里吃饭。每次看到何阿姨笑眯眯地站在店门口迎接客人，笑眯眯地和员工交谈，我的世界仿佛也变得笑眯眯的。我喜欢何阿姨，似乎人生中的所有不快、不幸都被她用温柔中和了。

世间所有的风雨，都不如她扑面的温柔来得深刻。她的这份温柔，不仅让女儿在亲生父亲缺席的条件下依然成长为了一个幸福并对生活感恩的人，更感染着身边的我们。

而我，更愿意把何阿姨的这份温柔，看成是对家庭、对孩子的仪式感。

3

"温柔"这个字眼，读起来简单，做起来却很难。尤其是那些处于逆境中的女人，因为生活艰辛，因为人生不如意，常常暴烈急躁，喜欢选择用伪装出来的坚硬和刚强来掩盖满身的伤痛，温柔对于她们而言，仿佛是上辈子的事情。

钱钟书先生曾评价妻子杨绛是“最贤的妻、最才的女”。在杨绛先生身上，总是有一种哀而不怨、清淡隽永的气质。

我很喜欢杨绛先生的文字，曾经在她的一篇文章里读过关于她母亲和父亲的故事，记得文章里有这样一段话：“我们姐妹几个人对丈夫都很好，却比不上我母亲对我父亲的好。”

杨绛先生的母亲唐须嫈女士出身富贵，是一名知识女性。才华横溢的她，并没有活跃在民国的文坛上，而是选择了相夫教子，成为一名家庭主妇，做丈夫最得力的依靠。

杨绛先生的父亲后来辞官做了律师。她记得，晚上回家后，父亲总会将白天做的事情、自己受理的每一个案件，都详细地讲给母亲听。母亲坐在灯下纳鞋，偶尔抬起头，温柔地笑，轻声细语地提出自己的见解，父亲也总是颔首微笑倾听，那是杨绛先生儿时记忆里最美好的画面。

有一次，丈夫生了重病，连续几个星期高烧不退，神志不清，连医生都摇着头说没有希望了。但须嫈女士却不肯放弃，坚持请来当时有名的中医华实浦先生替丈夫诊治。她不分白天黑夜地守在丈夫床前，端茶倒水，洗脸擦身，不知疲惫。后来，在她精心地照料下，丈夫醒了过来。当所有人都感叹丈夫能熬过来全是她的功劳时，她却只是微微一笑。

在几十年的时光里，他们相濡以沫，是爱人，也是知己。杨绛先生说，母亲不仅对父亲温柔，对子女、对身边的人也是一样。

尽管家里有佣人，但须婺女士更喜欢亲手为家人缝制衣物。她低调平和，心胸宽大，不念旧恶，与所有人都相处愉快，即便受了欺侮，也总是淡然笑之。在那个旧式家族里，她深受欢迎，一辈子没有结一个冤家。贤惠而不迂腐，平和中带着聪慧的须婺女士用温柔成全了子女与丈夫，撑起了自己一生中最好的时光。

冰心先生也曾在文章里描写过母亲的温柔。有一年，年幼的冰心忽然走到母亲面前，问道："妈妈，你到底为什么爱我？"母亲放下手中的针线，将面颊抵在她的前额，温柔而坚定地告诉她："不为什么，只因你是我的女儿。"

温柔是一种有力量的仪式感，它能够穿越岁月的荆棘，抵御时光的流逝，震撼人心，让孩子感受这世间最美好的温暖。

4

温柔的女人仿佛没有烦心事，总是一副开心的样子，她们的快乐不是刻意规划而得，而是发自肺腑。与她们在一起，你能嗅到岁月静好的味道，拥有一份安宁、安然与安静的舒适感。

正如何阿姨一样。天气好时，她经常和我们一群年轻人一起驾车出游，找一个郊外的农家，自己动手摘菜、洗菜、炒菜，体会劳动的快乐，和年轻人打成一片。我常常觉得，那个挥舞着锅铲像孩子一般开心大笑的女人，不是我的长辈，而是亲密的朋友。

在闲暇时光，她也会像请客人一样请自己的女儿吃饭。两个人找一家环境优雅的餐厅，品尝美食，聊一些体己的话，适时地告诉女儿：“婚姻解体，绝非一日之功，我也有我该承担的责任。所幸经此种种，对自己的潜在力量有了更多认识，淬火而生，疼完了，就变好了。”亦师亦友，这或许正是成长于离异家庭的闺蜜却拥有健全人格和健康心理的重要原因。

我很喜欢东野圭吾在小说《白夜行》里写下的一段话，“我的天空里没有太阳，总是黑夜，但并不暗。因为有东西代替了太阳，虽然没有太阳那么明亮，但对我来说已经足够，凭借着这份光，我便能把黑夜当成白天。”

我心里的那份光，便是温柔。

女人，
你的价值不仅仅是做母亲

作为女人，你的仪式感就是先努力完善、经营好自己。如果你愿意，再选择成为一位快乐的母亲，因为只有快乐的母亲，才能教养出快乐的孩子。

1

如果要为女人和母亲这两个词界定一种关系，你会怎样界定？大多数人应该都会在它们之间画一个等号吧。传统观念中，女人等同于母亲，女人最大甚至唯一的价值就是做母亲。

那些选择放弃做母亲的女人，总是会成为别人眼中的“大逆不道”，并被人们冠以“没有母性”“没有女人味”“没有爱心”的评价，这些评价背后的潜台词便是：作为一个女人，你不愿生儿育女，那你就不能称为真正的女人。

前些天是女儿的生日，家里来了许多道贺的亲戚。见到女儿，他们客套地夸赞着女儿漂亮、聪明，我也礼貌地回应着。这时候，舅奶奶拉着孩子的手笑眯眯地说道：“我们孙女长大啦，我就说吧，养孩子是最见成果的，如果不生养孩子，你挣再多钱

又有什么意义呢。女人嘛，就该好好养孩子。”

同样的场景，倒转回4年前。那天家里也来了很多亲戚。中午，男人们在酒桌上小酌，女人们聚堆聊天，而我因为急着赶一个稿件，在书房里噼里啪啦地敲键盘。

中途起身去卫生间，正巧听到一个刺耳的女高音：“女人不生孩子，挣再多钱有什么用。结婚这么多年了，也不筹划筹划生孩子的事情，挣那么多以后给谁花？”我在心里回复了这个女高音一句“呵呵”，事实上，那时的我刚刚查出来怀孕了，但我不愿声张，更不愿与她们争论。

在她们眼里，生孩子、带孩子、为孩子过一辈子就是女人最大的价值；照顾好老公孩子、围着灶台打转、闲暇时光扯扯张家长李家短的闲话就是她们最大的娱乐。而我，绝不愿成为那样的人。

女人对于孩子最好的仪式感就是：让自己的人生过得精彩，给孩子一个努力生活、努力工作的榜样。

2

不可否认，母性，几乎是每一位女人具有的原始本能。大约没有女人会愿意错过或放弃成为一位母亲的机会。能完成人生身份的升级，是最让女人感到骄傲和幸福的事情。

因为母性的本能，生活中我常常会看到一些因为种种原因未婚先孕的年轻女孩，在未来还是一片茫然的情况下，执意要生下孩子。不知道这些女孩是否想过，自己能给孩子什么，这样鲁莽的决定又会为自己的人生增添多少原本不必历经的艰难。可能她们会说："生下来了总有办法养活，我不想考虑那么多。"

的确，生下来总能养活，但是一个生命的诞生，需要的不仅是生存，更需要是爱和温暖，以及尊严和安全感。倘若一个女人连养活自己都十分勉强，试问她又如何去给孩子高质量的生活？

当一个女人自己的生活都还需要依靠"啃老"，当一个女人在工作还没有一点点基础的时候，就急匆匆地选择做一位母亲，她便会因为无法平衡好职业女性与母亲这两个角色的关系而心烦气躁，结果便是她既做不好一个母亲，也做不好一个职业女性。

当然，还有这样一类母亲，她们本身充满了无限的潜力，她们的人生原本拥有无数可能，可是做了母亲后，便将全部的精力和爱都献给了孩子，活生生将自己对外的所有的门都关闭了，只剩下一扇小小的窗，这扇窗的名字就叫"母亲"。

如果你细心一点就会发现，不管是媒体，还是影视文学作品，舆论对于这些女人的发声总是鼓舞而正面——这就是母性的伟大，这就是母爱的无私。

是的，试图给女人洗脑、催眠的，除了我们的亲人和长辈，还有我们的传统，我们的文化，甚至我们的媒体，他们试图让女人相信：一个不做母亲的女人，是不完整的女人；一个不做母亲的女人，是不够爱另一半的女人；一个不做母亲的女人，是没有成就的女人……总而言之，一个不做母亲的女人，这辈子就算白活了。

因为这些言论和观点而承受最大压力、受到最大伤害的，是那些无法生育、不想生育或者暂时没有准备好生育的女人。仿佛一个魔咒，这些女人的生活中总是充斥着各种的轻蔑和责备——

你不能做母亲？你不想做母亲？你是一个完整的女人么？你配当女人么？你对得起你的另一半么？

因为不堪忍受，因为无法面对，这些女人选择了妥协，即便她们内心排斥做母亲，为了给社会和夫家一个交代，她们也必须完成任务、必须怀孕生子。似乎当孩子呱呱坠地的那一刻，才是她们长舒一口气、终于得到解脱、终于可以心无旁骛地专心做自己的那一刻。

这世上的女人有很多种，有一些因为无法生育而承受着异样眼光，一辈子生活在别人的有色目光和自己的遗憾自责之中；有一些在没有做足充分准备时，便匆匆为自己赋予了母亲的角色，随之而来的便是自身精力、时间、发展机会和自我价值实现的牺牲；还有一些将全部的爱和心血都送给了孩子，不顾及自己的生活质量，也不考虑夫妻感情的维系问题，仿佛活着的目的，就是为了孩子……不管是哪种女人，在外界看来，她们所经历的一切都是理所当然——因为你是女人，你理所当然的要做母亲，理所当然要为孩子付出。

诚然，成为母亲能带给女人无与伦比的快乐、幸福和成就感。怀孕生子是出于女人的本能，是每个女人在条件允许的情况下都想做并且可以做到的事情。但怀孕生子本质上也是一件严肃神圣的事情，它不是儿戏，更不是女人必须完成的任务，它代表的是新生的希望和生命的延续。

从某种程度而言，堕胎术的发明让女性拥有了更多的生育选择权和生育自主权，它让女人可以自主决定是否要成为一位母亲，什么时候成为一位母亲，它在一定程度上改变了女人在还没有做足充分准备便稀里糊涂成了母亲的现象。从这个层面而言，它对于女人、对于孩子、对于家庭和社会都有一定的意义。

当然，我并不是要提倡堕胎，我只是想告诉大家，一个女人有没有成为母亲和她具不具有母爱，是不是有资格做女人没有直接的联系。中国妇产科学的主要开拓者林巧稚大夫是世界上最具有母性的女人，终其一生，她帮助了千万女人安全、健康地成为母亲，而她本人为了自己的事业却终身未婚、终身未孕。

所以，女人的价值绝不仅仅是做母亲。

3

闺蜜历尽千辛，终于喜怀二胎。某一次聊天，她对我说："你那么爱孩子，为什么不趁年轻再生一个呢？"

是的，我是一个标准的"孩奴"，这是朋友圈公开的秘密。为了女儿，我花费大量时间和精力阅读育儿书籍，硬生生将自己修炼成了"业余育儿专家"；我改掉了自己急躁的坏脾气，耐心地培养她的作息习惯、挖掘她的自身潜力；曾经"十指不沾阳春水"的我，现在居然成了一个美食家，每天变换不同的花样给女儿做饭。

这位闺蜜劝我说："别那么辛苦的每天写稿了，多留一些时间给孩子吧。孩子培养好了也就等于挣了钱。女人嘛，孩子重于一切。"

对此我没有反驳。我只是在心里默默地告诉自己，我愿意花费时间和精力去培养孩子，是出自我作为一位母亲的本能。但这绝不是我生命的全部，更不是我作为一个社会人的所有职责。

我有孩子，但我也有工作和生活，有自己的人生追求。这样的我，才是真正完整的我。在女儿成长的历程里，我一直在不断地告诉她：“妈妈的生活除了你、除了我们的家，还有大大的世界和很多的爱。妈妈爱你，也爱自己的工作和事业。”

作为一个忙碌的职场妈妈，我做不到24小时候全天候陪在孩子身边，但这不妨碍我对孩子成长的关注，我始终在竭尽全力地维系着孩子与事业的平衡，我从没错过孩子成长的每一个重要节点：第一次学会说话，第一次上幼儿园，第一次登台表演……我参与、分享并记录着孩子一点一滴的成长。

当孩子渐渐懂事，她也慢慢理解了我的忙碌，并且总是在我写稿结束后给我一个大大的拥抱，在分别时给我一个甜蜜的亲吻，在我看来，这是她回馈给我的最好的礼物。在我的潜移默化下，她也正逐渐成为一个努力独立、内心丰富的人。

父母是孩子最好的老师。我希望自己能成为女儿的榜样，希望她看到的母亲不是围着锅碗灶台过一辈子的哀怨女人，而是一直行走在路上的铿锵玫瑰。

我一直坚信，母亲是女儿成长路上的灵魂导师，我不断地学习，不断地成长，不断地与过去告别，不断地成为更优秀的自己，不是为了抛下孩子，而是为了成就一个更加完美的母亲，送给孩子一个努力活出精彩和光芒的榜样。

4

终其一生，女人会扮演许多角色，“母亲”是其中重要的一个，但绝不是唯一的、最能体现价值的那一个。

女人的首要角色还是女人。为了扮演好这个角色，你首先应该努力地完善自己、经营自己，让自己更具有价值。当你的身体、工作精力、智慧等方面都呈现游刃有余的状态时，如果你愿意，再去考虑孩子的事情，这样才能更从容地承担做母亲的责任，享受做母亲的快乐，给孩子更有质量的陪伴和生活。

对于生活，我总是贪心，我希望自己是一位尽责的好妈妈和一个优秀的职场人，我更希望自己是一个独立、鲜活、有梦想、有自我的女人。为了满足这一点贪心，我始终在不懈地努力着。

只有实现了自我满足和现实满足，我的爱才能如奔流不息的源泉，充满生机力量，赐予我爱孩子、爱家人、爱自己的强大力量。

不要以为只有年轻的妈妈才有这样的资本。我见过许多退休后拥有丰富生活的母亲，她们不是一味地逼婚、催生或只知道给儿女看孩子，让生活剑拔弩张、单调枯燥，而是学国画，跳广场舞，打太极，练书法，上老年大学，为退休生活赋予了不一样的颜色。我想，这也是她们给自己的退休生活最好的仪式感。

我们只有不断学习，才能不断成长；只有不断挥别过去，才能成为更优秀的自己；只有给孩子榜样的仪式感，努力活出精彩和光芒，才能更好地教会孩子自强与自立。

我们是母亲，但更是独立的自己，这才是我们作为女人最该拥有的仪式感。

辑八

多少关系，输在没有仪式感

善于表达自己，也懂得控制情绪；
喜欢与人交往，也明白亲疏有间。
一个懂仪式感的女人，
一定能平衡好人、事、物之间的关系，
在平淡的生活中，
收藏诗和远方。

化妆，
职场中最基本的仪式感

在职场，你以为不化妆、不打扮就代表着自然美；你觉得选择素颜是为了强调真实的自己。可是你却不知道，你的素颜在别人眼里往往只有朴实，而没有精致。

1

麦子是我的旧同事，工作中，她是一个追求细节的完美白领，生活中却是一个不拘小节、大大咧咧的姑娘。她在公司做策划工作，因为文笔好，又有想法、有创意，每一次她做出的方案都很漂亮。可到了跟客户展示的时候，却要么价格被拍低，要么被委婉拒绝。

有一次，麦子跟了一个大项目，前期接触都很顺利，方案也完美无缺，可给客户提案的时候，客户总是以各种理由打回来修改，改了无数次，折腾了将近一个月，公司领导实在没耐心了，就交给另一个女孩去提案，没想到，立马就搞定了客户。

这件事情让麦子十分受伤，她不明白问题究竟出在了哪里，为什么辛辛苦苦做出的方案，自己去提案总是失败，换作别人却轻而易举就通过了。

事后不久，公司同事聚餐，推杯换盏间，有人又提到了提案的事情。这时，一位喝多了的同事站起来拍着麦子的肩膀说：“麦子，为了那个案子，你一定没少熬夜吧？你看你，本来就粗糙的皮肤，熬得跟机关枪打过了一样。要说你为什么每次都提案失败，败就败在这里。”许多年过去了，我已经不记得当时那顿饭是如何结束的了。只知道饭局后半程的麦子，脸色越来越难看，也似乎一下茅塞顿开了。

没多久，我便离开了公司。某一次和原来要好的同事相约喝茶，聊到了麦子。同事说，那件事后，麦子就变了，原本大大咧咧的一个人，突然就重视起了保养，长期素面朝天的脸上，多了精致的妆容，穿衣风格也从之前的中性变得俏丽了，方案依然做得很好，提案也顺利了不少，据说快要升职了。

你看，这就是看脸的世界的生存法则。所以，学会装扮自己，才是在职场最基本的仪式感。

2

社会本来就很残酷，关于这一点，你永远不要怀疑。

学生时代，总是单纯的。校园里的女孩，即便素面朝天，别人也不会吝啬对她们自然美的赞美，一方面，大家的潜意识里已过滤了那些长相超出想象的人；另一方面，大家对于大学时代暗恋、相恋的对象总是怀着美好的回忆。在高中的时候，我们会觉得初中的小女孩都很清秀；等到了大学，又会觉得高中的小女孩都很文雅；即便是出了社会，我们也会觉得大学的小女孩都很单纯。

可是职场就不一样了。在职场，你以为不化妆、不打扮就代表着自然美；你觉得选择素颜是为了强调真实的自己，可是你却不知道，你的素颜在别人眼里往往只有朴素，而没有精致。每一个职场女性都必须明白，化妆是女人在职场最基本的仪式感。

一个好的妆容常常会令你的工作更加分。喜欢赏心悦目的东西，本来就是人之常情，如果我是客户，当我看到一个脚踩高跟鞋、身穿小西装、抹着漂亮的口红、涂着黑睫毛的职场丽人，我会心生好感，如果我看到的提案者是一个人字拖、运动服、耷拉着眼袋和枯死睫毛的黄毛丫头，即便方案再好，我可能也没有耐心听下去。别觉得残忍，职场就是如此。如果你不适应，只能说明你还太稚嫩。

当然，并不是所有会化妆和懂服饰搭配的人都能成为成功人士，但所谓的成功人士，一定都会化妆、都懂得在不同场合搭配不同的衣服、首饰。

别管是否天生丽质，在职场上，学会化妆都很重要。别再强调你要的就是自然美了，因为在别人眼里，素面朝天的你也许只有自然，并没有美。

比起高情商，好人品更重要

在与人相处时，不处处设防，也不步步为营，坦率做事，坦诚相待，这恰恰是人际相处里最正确的仪式感。

1

“情商”是一个时髦的词语，而“情商高”是许多人眼里解决一切问题、让生活变得更幸福的不二法宝。一个情商高的人，一定会懂人心、办实事，有城府、知进退，一定能与人愉快相处。生活中，无论是谈恋爱，还是交朋友，大家都喜欢情商高的人。

事实上，不仅是恋爱和交友，就连职场，也格外青睐情商高的人。毕竟，花一样的钱，谁不想要那种能充分贯彻老板意图，并能创造性开展工作的好员工呢?

莉莉是我曾经的前辈。办事得体、能说会道的她，是公司里公认的高情商职场丽人。记得第一次见面，客气、周到又毫无架子的她便让我有一种如沐春风的感觉。那天是我向她提交一个策划方案，敲门进去后，她笑容满面的请我入座，而且嘘寒问暖，“孩子多大了，男孩女孩，上幼儿园没有？”当时的我，十分感动，在心里暗暗想，一定要跟着她好好学习，拯救一下我那可怜的情商。

后来我们常常配合做方案，接触的次数也日益增多。几乎每一次，她都会像第一次一样问我：“孩子多大了，男孩女孩，上幼儿园没有？”一模一样的语言，一模一样的笑容，甚至精确到每一个笑容，每个停顿，都丝毫不差。

问的次数多了，我便有些厌烦，答案也明显很敷衍，有时候说男孩，有时候说女孩，有时候说上了幼儿园，有时候说还在家待着，总是想到哪儿说到哪儿。好玩的是，无论我说什么，她都会做出一样的含笑点头的动作，不知道是根本没有听进去，还是记性太差。

后来，我暗中观察，发现她对别人也是一样。那时候我才明白，事实上她对我们的寒暄，并无关心之意，而是用一种标准制式的体贴和嘘寒问暖，彰显自己的善解人意。所以我们无论回答什么，她都不会记得，更不会在意。明白了这一点后，我对她的敬重便逐渐消失。

事实上，生活中像莉莉一样的人，还有很多。他们自以为是的将性格圆滑、能说会道、察言观色的小伎俩当成了高情商在线，误解了高情商的含义。她们自以为很高明，相处久后，便会令人生厌。

2

“情商”这个词，如果用最通俗的话来理解就是，一个人既能够清楚地明白自己在一段关系中的位置、作用、身份，也能清楚地了解对方的心态、需求、感受。也就是说，一个高情商的人，一定懂得根据形势、环境、对象的变化，来调整自己的行为和表达方式，让自己和他人都满意。

比如，当她们和一个因为身体原因无法生育的人聊天时，她们会懂得避开关于孩子的一切话题，从而避免让对方尴尬和难过；当她们面对一个孩子成绩不尽人意的家长时，她们会避开与考试、成绩甚至孩子有关的话题，让对方与他们相处时更自在、更愉快。

很多女人之所以感觉不受欢迎，感觉自己的人际关系糟糕，正是因为她们总是按照自己的想法一意孤行，不懂得关照别人的感受，也不懂得探索别人的需求，最终招致别人的不满也不自知。

真正称得上高情商的人，不一定能言善道，不一定很会讲话，但她们一定懂得尊重和体谅对方，一定懂得不过度强调自己的需求，一定懂得照顾对方的情绪，让对方在与你交往中感觉到被需要和被尊重。说到底，真正的情商，其实就是人品。

3

一直以来，我都认为自己的情商不高，不知道与人如何相处。很多时候，阿谀奉承几句便能让对方高兴的事，我总是做不来。所以，与生人在一起时，我不太愿意说话，常常给人拘束的感觉。

直到最近，一些事让我渐渐明白：比起情商高，好人品更重要。年初，朋友介绍说杭州有一个自媒体公司要找一个做事认真的人写公众号，公众号的内容是区块链。朋友便向对方推荐了我。没过几天，该公司的吴总就联系了我，与我沟通了公众号的定位和想法，我也开始试着撰写。

实话说，自媒体文章并不是我擅长的，再加上区块链的知识理解起来有些生硬，我写起来很吃力。点灯熬油了好几个晚上，才把第一稿写出来。吴总看了之后，不太满意，提出了修改意见。于是，我又点灯熬油了好几晚，把第二稿改了出来。发给吴总之后，吴总打电话给我，说话题度还不够。在沟通了1个多小时后，我进行了第三稿的撰写。第三稿写完后，吴总还是有些不满意。而我，已经筋疲力尽了。

考虑到自己的能力和对区块链知识的理解程度，我建议吴总再找一个人试试，以免耽误了公众号的运营。最后，吴总采纳了我的建议。

第二天，吴总微信转给我5000元钱，并发信息给我说："虽然稿子不太理想，但我做事认真的态度让他很欣赏，希望以后有机会再合作。"我对吴总表达了谢意，但并没有收下这5000元钱。

我不收，并不是因为我不缺钱，也不是因为我没有对这件事尽力。而是因为，虽然这件事我辛苦了很久，但最终的结果却不尽人意。既然吴总最终没有采用我的稿子，那么从撰稿人的职业角度来说，我就不应该收这5000元钱。后来吴总再三地让我收下这5000元钱，但我毅然地坚持了我的原则。上个月吴总找了到我，说他的公司缺一个公众号撰稿人，他诚恳地邀请我去杭州工作，并开出了不错的薪酬。诚然，我很动心且无奈——由于孩子的原因，我现在无法外出工作。

但通过这件事，让我明白：真正的高情商，是良好的人品。

4

回想起原来在深圳工作的日了，我虽然不是一个常人眼中高情商的人，也不擅交际。但我却是公司里人缘最好的人。在公司，我只是一个普通的小职员，能力一般，长相也并不出众，属于普普通通任劳任怨的员工。

但是，公司多少次的人事变动，我都没有出现过任何危机。我的上司是一个无比信任我的人，即使再难相处的同事，我也从没有与其发生过任何矛盾与冲突。我从不参与公司的钩心斗角，也从来不会制造是非，安心本分地做着自己的工作。

虽然我不会阿谀奉承，在参加公司组织的宴会时，表现得也不够大气，只会默默地在一旁悠然自得。但即使是这样的我，却能每年获得了公司里“最好人缘奖”。如今，我虽然已经离开公司七八年了。但我的微信朋友圈里却有公司至少80%的人，我发的每一条朋友圈，他们都会点赞或评论。在这个“人走茶凉”的社会，这算不算是一种人缘呢？而我所依仗的，从来就不是所谓的高情商，而是心底的善良，美好的人品。

所谓高情商，是让我们在与人相处时，如何最大限度地快乐自己，愉悦他人。而要做到这一点，人品好就足够了。在与人相处时，不处处设防，也不步步为营，坦率做事，坦诚相待，这恰恰也是人际相处里最正确的仪式感。

高情商，从来就不是八面玲珑，而是用良好的人品营造出的温情的氛围。

发朋友圈的时候，请不要辜负别人关注的时间

即使发朋友圈，也要有仪式感——你朋友圈的内容至少要赏心悦目，有些格调。否则，就是在辜负别人关注你的时间。

1

在我的微信上，经常会收到这样的消息，“亲，朋友圈第一条帮我点赞，谢啦！（笑脸）”“亲，耽误你一分钟，帮我的宝宝投一票吧，63号哦，多谢多谢！（笑脸）”

每当看到这样的消息，我都感到无语。点赞我尚且能够接受，但是投票我实在是忍不了。点开链接，关注公众号，投票，再取消关注，这一系列动作实在是太浪费时间了。对于我这样一个既要写稿又要顾着女儿的人来说，这些时间够我写一篇短文了，于是乎，我经常把这些人拉黑。

我有个同学，非常喜欢发这类消息。一天，我终于忍不住了，我给他发了这样一条消息：“我觉得你这样做不仅浪费了别人的时间，还贬低了自己，别人为什么要帮你投票？如果是非常要好的人，卖个面子就算了，交情一般的人，一定会很反感你。”

2

微信朋友圈就像是一个人的网络身份证，如果我们想快速地了解一个人，最好的办法就是加微信。然后，打开他的朋友圈，就能了解个八九不离十了。我们分享的内容代表我们的思想立场，我们发的图片透露了我们的审美。如果我们转发“不转不是XX人”，那只能说明你和“5毛钱特效”没有什么区别。

我们发朋友圈，不管是哭惨还是炫耀，都是想获得关注，这是人的天性，我们要尊重天性。如果我反对这些，否定这些，那岂不是泯灭人性？这个帽子似乎太大了。对此，我想说，想让别人看我们的朋友圈，就拿出点诚意来，因为别人关注了我们，总不能什么都得不到吧。互联网时代，什么最宝贵？流量。关注就是流量，流量就是金钱。为什么互联网公司愿意拿出几个亿发红包，不就是让我们为了钱，多关注他们吗？

做微商、代购的在朋友圈发点广告，这无可厚非。但是麻烦大家走点心好吗？广告文案语句通顺一点，错别字少一点好吗？代购的食品、彩妆图片像素高一点好吗？我最反感的就是那些毫无营养的，复制粘贴、天花乱坠的文字，再加上一天十几条的刷屏，不仅毫无审美，还极度浪费我的时间，于是乎，我选择屏蔽。不是我拉黑了他们，而是他们的做法拉黑了自己。

我经常在网上看到有人攻击那些炫富　瑟的女人，我虽然不敢苟同她们的世界观。但是在充斥着垃圾广告的朋友圈，看看这些美景豪车，美女美食，也是赏心悦目的。毕竟工作一天已经够辛苦了，看看这些美图也能放松自己。

我很少转发一些文章或链接，但每每转发时，我都会附上我的转发理由，获得共鸣也好，意见相左也罢。我认为这是与对方思想的交流。同时，写上我的评论也是对作者的尊重。这些细节，是对个人品牌的一个很好的背书。

因此，我想说的是：即使我们发朋友圈，也要有仪式感——你朋友圈的内容至少要赏心悦目，有些格调。否则，就是在辜负别人关注你的时间。

3

说到这里，肯定有很多人会问：如何发朋友圈才算是有仪式感，才能有格调？对于这个问题，没有标准的答案，但我可以把我自己发朋友圈的仪式感说出来与大家分享一下，或许你也能从中有所收获。

（1）个人定位

个人定位关系着你的优势、爱好和个性。一个能让人产生认同感的朋友圈，一定要能够表露优点、贴近生活、彰显个性，比如长得漂亮、颜值高、会写作、懂护肤等。事实上，我们很多人的朋友圈都做不到这一点，内容大多显得很杂乱。

展示你最真实的一面，其实就是在微信朋友圈打造你的个人品牌，你的微信名字、头像、个性签名等，实际都代表着你的个性，你的定位越清晰，就越容易建立你的品牌。当你将优势发挥出来，当你让别人知道，三人行必有我师，便会收获别人的认同。

俗话说，“兴趣是最好的老师。”只有当我们做自己喜欢的事时，才会更有激情。因此，在进行个性定位的时候，一定不要忽略自己的爱好，选自己所选，爱自己所选。

（2）坚持原创

很多人觉得，原创很难，他们的做法通常是：做内容的搬运工，上家或厂家给我什么东西，我便复制粘贴，发出的内容，完全没有创造力。

事实上，与千篇一律的复制粘贴相比，原创才更有差异性，才能新鲜、更有吸引力。不管是产品广告，还是生活分享，都应该尽量坚持原创，甚至你看到的热点新闻或某个小笑话，当你转发时，也应该做到尽量改一改，加一点自己的观念。如此一来，你在做这件事的时候，才更有乐趣。而别人看到的，才是一个真实的人和一份坦诚的生活态度，才能产生信任感。

如果你是一个做微商的女人，那么在朋友圈为产品宣传的文字一定要真实而柔和、有针对性，避免千篇一律。不同方式产生的效果也不一样，不同的场景也要有不同的表达方式，越是真实的东西，越是用心原创的东西，越能够打动人心。比如，如果你的客户是20岁左右的小姑娘，那你的内容就符合她们的胃口，用你的文案激发她们的需求。

在发朋友圈时，想清楚自己为什么要发，想达到的目的是什么，为什么要这么写，深思熟虑后，才能妙笔生花。要知道，什么时间点去发朋友圈都是有原因的，什么时间发什么内容这都是有关联性的。

（3）提供价值分享

很多人喜欢在朋友圈分享，而我坚持的态度是：在朋友圈要么不分享、要么就分享精华。公众号的分享，多选一些正能量的东西，少分享一些无病呻吟或满腹牢骚。

在分享数量上，以每天分享一篇为宜，否则容易显得太杂乱。多发一些生活上的内容，将真实的生活体现出来，往往更能引起共鸣。

（4）有讲究的配图

许多人发朋友圈，为了广告效果，喜欢用广告图和聊天截图堆砌。事实上，这是不可取的，一篇好朋友圈不能都是聊天记录或广告图，而应该做到文字和图片互相匹配、相得益彰。

朋友圈的广告图，大部分都是商家给的，如果你希望达到更好的营销效果，建议不要经常用公司图，当然，偶尔发一次是可以的。比起统一的广告图，自己拍的照片更真实，更有说服力。此外，图片要有个性，要有吸引力，切忌牛头不对马嘴。

总而言之，一个有思想、有腔调、有美感的朋友圈，才会成为稀缺品，才会吸引更多人的目光，才会帮助你收获更多的朋友、信任和打造你的个人品牌。

请你记住：即使是发朋友圈，也是需要仪式感的，请不要辜负别人的关注时间。

能控制情绪的女人，比拿下一座城池的将军更伟大

好情绪可以成就你的人生，而坏情绪则可能在不经意间让你败走麦城。一个懂得控制自己内心猛兽的女人，才是真正懂得仪式感的女人。

1

都说坏脾气的女人不能娶，看了这个的故事，你或许会有更深的感悟。2016年7月23日，母亲和女儿女婿去北京八达岭野生动物园游玩。在车上，女儿女婿发生了争执，一气之下，女儿在猛兽区下了车。当她绕过车头想拉开正在驾驶的老公的车门时，一只老虎突然出现在她身后将她拖走。母亲救女心切，也冲出了车门，不幸被另一只老虎当场咬死。

在这个故事里，女儿因为冲动和愚蠢，导致了重伤并让母亲付出了生命的代价。尽管后来又有自称是死者丈夫的同事出来辟谣说，夫妻俩没吵架，女人在猛兽区下车是以为已经到了安全区域，想和老公换着开，但不管真相如何，我们都应该从这个故事中吸取教训，明白控制情绪的重要性。

俗话说：“猫有猫脾气、狗有狗脾气、谁没点儿脾气。”我们身边因为遇事控制不住脾气而栽跟头的大有人在，这些人，往往也包括了我们自己。

不久前我曾看到过这样一则新闻：女孩和男孩在机场道别，本来是一个你侬我侬的时刻，两人却因为一点小事闹起了矛盾。眼看着架没吵完，男孩却要登机飞走了，女孩一怒之下拨打了110报警，谎称自己在飞机上放了炸弹。这一时的冲动让女孩付出了惨重的代价，不仅架吵不成了，她自己还被警察带走，被判刑10个月……这就是坏情绪带来的严重的结果。

作为家庭的核心，女人的情绪对家庭影响巨大。一个性格和平，擅长情绪管理的女人，除了能够给家人营造一个放松愉悦的氛围外，还能为家庭积累财富、福分和运气。而一个冲动易怒的女人，却只能在阻碍自身发展的同时，频繁制造家庭矛盾，影响家庭和谐，为孩子的一生带来不可弥补的伤害。

对于孩子来说，母亲能给予他的最好的礼物便是为他营造一个夫妻恩爱、婚姻和谐的家庭环境。如果母亲做不到这一点，孩子的性格、心理或多或少就会出现问题。从这个角度来说，“坏脾气的女人不能娶”是有一定道理的。

2

一位心理学家曾把女人的情绪比喻成波浪，认为女人的喜怒哀乐难以琢磨。的确，很多女人在感到压力大或遇到棘手的问题时，容易情绪波动，出现焦虑、发愁和急躁等情绪反应。女人几乎已经成为情绪化的代名词。虽然身为女性的我，每每在听到这样言语的时候，也会作出一番反驳，但不可否认的是，它的确在一定程度上说明女性的情绪化。

同男性相比，女人的心思比较细腻，平日要操心工作、生活，还要操作老公、孩子，想得越多，心思越重，就更容易产生一些坏情绪。结果可想而知，因为坏情绪，心情完全被打乱了。所以我坚定地认为，能够控制不良情绪是女人幸福生活、有良好人际关系的开端。正如拿破仑所说的那样："能控制情绪的女人，比拿下一座城池的将军更伟大。"

事实上，情绪的力量比我们想象的要大得多。人一旦被情绪所控制，就容易成为情绪的奴隶，就可能被情绪摧毁人生。从这个角度来说，情绪失控的女人往往很难收获幸福。

在生活中，我经常会听到一些女性抱怨或自责："我也知道这坏脾气耽误事，我真的很想改，可是控制情绪哪有这么容易？"也就是说，她们并非不知道坏脾气的巨大杀伤力，只是她们管不住自己。为了替自己开脱，她们甚至想好了一大堆说辞，"江山易改本性难移""除了这脾气，我人还是挺好的"更有甚者，拿脾气当个性，认为发脾气是真性情。

改掉坏脾气，真的有那么难吗？我看未必，所谓的改不掉、很难改，不过只是你愿不愿意改的问题。

前几年，我也算得上是一个一点就着的小火炮，常常因为一件小事便大发脾气。因为我的坏脾气，家人遭了很多殃，首当其冲的，便是女儿和老公。

在与自己的"臭脾气"斗争的过程中，有一件事令我至今

记忆犹新。那次，我因为身体不适去医院就诊，当时看病的人很多，队排得很长。在等待的过程中，我想看电子书，可是电子书却突然无法启动了。于是，我在微信上联系了我老公，想请他帮我查找一下原因。结果他一直没有回复。后来，我又给他发了三条信息，他都没有回复。本身就身体欠佳的我气不打一处来，写了一条言辞激烈的短信准备骂他，编辑完毕后，我突然觉得这样做有点过分，于是我压制着胸中的怒火，强迫自己冷静下来，慢慢地一个字一个字地将那条短信删掉了……

不一会儿，老公便打来了电话，他在电话那头焦急地问道："怎么了？我刚刚在开会，看过医生了吗？"那一刻，我无比庆幸自己删掉了那条骂人的短信。至今，我仍然记得当时那种快乐的心情，那种战胜了自我、完善了自我后的无与伦比的快乐。

从那以后，我暗下决心，一定要改掉坏脾气，做一个善于管理情绪的女人。在经过了一个漫长的觉醒、反省、修正过程后，如今的我，将自己修炼成了一个平和、喜悦、从容不迫的人。当我一点点儿赶走自己的坏情绪，慢慢变成一个擅长情绪管理的人后，就发现我的生活也变得越来越多彩。

3

事实上，控制情绪的方法还有很多，转移注意力便是其中之一。

安安是我的好朋友，学声乐的她是一名音乐老师。某一次，她和她老公吵架后，在电话里向我哭诉。我说尽了安慰的话，依然没能让她平复心情，她甚至要一气之下离家出走。

后来，我实在不知道该怎么安慰她了，便和她聊起了家常。那时候，我女儿正好在上早教课程，并且对音乐课程格外感兴趣，在女儿眼里，教音乐的那位老师几乎就是仙女般的存在。我告诉安安，给我女儿上音乐课的那位老师，工作期间积累了大量的客户资源和经验，目前正准备从早教中心脱离出来自主创业。

聊到那里，我突然想到安安学的就是古筝，便问她，有没有兴趣去尝试一下教小朋友们学古筝。安安也明显有一点儿心动。她停止了哭泣问我："你觉得我可以吗？除了上班和带孩子，我真的从没想过自己还能做点别的什么。"

"为什么不能呢？或许这能成为你未来的一个发展方向呀"我如是说。就这样，我们几乎忘记了吵架这件事，讨论起了安安未来的个人发展问题。那天，我们一直聊到很晚，安安的注意力也逐渐从指责老公转移到了寻求自身发展上来。后来的日子里，安安还特意与我女儿的音乐老师见了一面，并达成了合作协议。

你看，这就是转移注意力对消除负面情绪的巨大作用。在这个故事中，安安最初是希望我扮演知心大姐的角色，安慰她、开导她，当我将话题成功转向了个人发展后，她便从坏情绪的泥潭里抽身而出，重新找到了新的关注点。

许多女人总是太执着于家庭纠葛、吵架评理这些琐事，将大部分时间和精力浪费于纠缠谁是谁非。我是很不赞成这种做法的，在我看来，它们不值得，也没有意义。还有一些女人会抱着"不会撒泼打滚，以后男人就不怕你了""你成全了他，谁来成全你？""不要用贤惠惯坏男人"的想法。事实上，我们所做的一切为什么总是把男人视作假想敌或取悦者呢？我们来到这个世界的目的不是为了成全谁，更不是为了战胜谁，一旦那种和男人较劲的思维占了上风，我们和对方之间便会暗潮汹涌、永不消停，实在太累。

做一个能控制情绪的女人很重要。下一次，当你像我的好朋友安安那样陷入了坏情绪的泥潭时，不如转换一下思考的维度，想一想生活中还有没有更值得自己关注和付出的事情。

努力做一个能控制情绪的女人，在平静中，消散那些招致衰老的怨愤；在平静中，转化那些经年不忘的委屈；在平静中，释放那些耿耿于怀的伤痛。

懂仪式感的女人，
与人相处时会保持恰到好处的距离

比起无时无刻不在一起，更好的交往方式，应该是保持适当的距离。这个适当，是指不远，也不近；不疏，也不密。

1

古人云：“月满则亏，水满则溢。”将适当距离演绎得最好的，应该是地球和太阳。专家研究发现，地球和太阳的距离如果再近1%，地球就会变成“火焰山”；如果再远3%，地球就会变成“广寒宫”。正是它们之间的距离不远不近恰到好处，才让生活于地球上的我们，拥有了多姿多彩的风景和舒适宜人的气候。

人和人之间的距离，正如地球和太阳之间的距离，如果太远，便显得生疏；如果太近，便不会长久。只有保持适当，才能和谐共处。在人际关系中，决定你和对方关系好坏的，正是你给了对方多少空间。比起无时无刻不在一起，更好的交往方式，应该是保持适当的距离。这个适当，是指不远，也不近；不疏，也不密。

作为一个有仪式感的女人，一定会懂得在与人相处时保持适当的距离，而这个适当的标准，全在自己内心，原则便是能让自己与他人轻松愉快的相处。不要小看了这个标准，有多少人的感情，就是败在了这个标准上，人与人之间的距离，多一分便容易滋生矛盾，少一分又显得生分。

生活中的你一定会有这样的经历：当你与某个人联系过密时，反而容易产生摩擦和冲突；当你与某个人初次见面或交往时，反而更容易相处。这也是为什么，家庭成员、情侣之间、朋友之间，常常会互相埋怨、产生摩擦的原因。

2

亲而有间、疏而有密是朋友间交往的最好方式。与朋友交往，最适当的距离，最崇高的境界，莫过于“君子之交淡如水”。

在外人看来，慧慧和娇姐特别投缘。两个人在一间办公室工作，又住一起，不论吃饭、工作、生活，都形影不离。在微信上，两个人经常会同时晒一起出游、一起唱歌、一起散步的朋友圈。

大家都觉得，她们俩像连体婴儿。可是某一天，慧慧却偷偷向我抱怨：“你说为什么我以前和娇姐相处挺好的，她理解我，我也懂她，可是随着时间越来越长，我们之间的隔阂却越来越多了呢？”我只是笑笑，没有说话。

“我觉得你和娇姐关系也挺好的，你的感觉呢？”慧慧又说道。我看着慧慧一脸认真，也不好再沉默，便对她说：“我们的关系一直都好，是因为我们保持了适当的距离。”

这下，慧慧更疑惑了：“保持适当距离？”“是呀。即便是再好的朋友之间，也需要有各自独立的时间和空间，经常在彼此的生活中出现，就无法规避彼此的缺点。慢慢地，两个人都会感觉到疲惫，从而渐渐疏远。”听到这里，慧慧若有所思地点了点头。

我继续说道：“适当的距离和独立的空间，可以让彼此更珍惜每一次的见面和聊天，大家在一起时，互相分享对方不在身边时的故事和成长，会更有新鲜感，才会更感觉惊喜。”

在结束交谈后的不久，有一天慧慧兴高采烈地跑来告诉我，她把我说的话分享给了娇姐，他们两人都非常认同，并按照我说的保持了适当的距离，如今她和娇姐的关系，果真比从前更亲密了。

相见亦无事，别时常忆君。距离的确是非常奇妙的美学，保持一定的距离所产生的朦胧美，总是蕴藏着说不清的新鲜和温暖，而这正是友谊产生的温床。

3

除了朋友，即便是最亲密的夫妻，也需要有彼此喘息的空间。橡皮筋只有首先被拉开，才能产生反弹的力量。夫妻相处也是一样的道理，只有保持独立的空间和适当的距离，才能更持久、更新鲜。

娟子和她老公的感情很好，是朋友眼中的模范夫妻。每次当我们表示对他们夫妻感情的艳羡时，娟子都会害羞地微笑：“别看我们俩关系这么黏糊，之前也走过一段争争吵吵的弯路呢。”

娟子说，刚结婚那会，她老公下班一到家，她便会黏黏糊糊地粘上去，不许老公离开自己的视线，缠着先生问个不停。刚开始，老公也十分配合。两个人像连体婴儿一样，倒也过得惬意而幸福。渐渐地，老公便不乐意了。每次老公下班回家，娟子问他什么，他就像变了个人一样，爱理不理，问烦了，便回一句：“辛苦了一天，就不能让我一个人安静待会吗？”

娟子非常委屈，她不知道自己做错了什么？为什么老公就不和她说话了呢？为什么她越想接近先生，老公反而越是疏远她？

后来，娟子便不再整日粘着先生了。每次老公下班后，她便一个人去小区里散步或者到书房看书，刻意与老公保持了适当的距离，并留给老公独处的时间和空间。慢慢地，老公又主动找娟子聊天了，两个人的关系似乎也变得更甜蜜了。

娟子颇有感触地对我们说：“曾经我也以为爱一个人就是要和他时时刻刻绑在一起，现在我才知道，以爱之名的束缚和捆绑是爱里最不应该出现的，爱一个人的最好方式，应该是懂得尊重对方，学会求同存异，而不是试图干涉对方的自由。”

的确，夫妻间的感情不管多深都不要忽视“保持适当距离”这条原则。假如我们不懂得留给对方空间和自由，总是不给对方喘息的机会，那么再深的爱，也终将消耗殆尽。

4

不仅是朋友之间、夫妻之间需要保持恰到好处的距离，陌生人之间也需要。记得三年前，我去了一家美容院做按摩，接待我的，是一位热情过头的大姐。

我刚与大姐见面，大姐便开启了查户口的模式，扯着嗓门问我："姑娘，您多大了呀？""30了。"我回答。"哦，那应该结婚了吧？小孩多大啦？老公在哪里上班啊？"大姐一连串的问话让我很反感。于是我冷冰冰地告诉她："对不起，我还没有孩子。"

哪知听到这句话，大姐更来了兴致："啊，30岁还没生孩子啊，那你可要抓紧了，当心生不出来。"我忍无可忍，直接回敬了一句："我生不生孩子不用您操心。"没想到大姐也不甘示弱："小姑娘脾气好火爆。"

尽管心里气急了，但我决定自认倒霉，不再理她，一心只想着做完按摩，赶紧离开。可大姐却不肯放过我，见我半天没有搭腔，又换了一个话题继续开启她的查户口模式："小姑娘，我看你身上的衣服挺好看的，是什么牌子的呀，多少钱买的呀？你那包也挺高档的，不便宜吧？你是做什么工作的啊，一个月挣多少钱啊，看你平时还能做做按摩，收入一定不错吧……"

面对大姐的一连串打机关枪一样的提问和质疑，我实在忍不下去了，生气地对大姐说："你再问下去，我投诉你。"直到我丢下这句话，大姐才意识到了我的不悦，停止了盘问。

后面的时间里，我们就这样在狭小的空间里不尴不尬的待着，互不理睬。

原本是想去放松，结果却让自己收获了不悦和尴尬，回来后，我向朋友抱怨：“这哪是美容，简直是受虐，还是精神虐待。”朋友安慰我：“她可能只是想套近乎。”我无奈地说：“我知道她是想套近乎，缓和气氛，可是也太越界了，我俩初次见面，我何苦把生活状况、经济状况与一个陌生人道之，太没分寸了。”

被许久不见的亲戚盘问工资几许，何时结婚；被刚认识不久，尚未建立信任的朋友伸手借钱；被初次见面的异性朋友，一个大大的拥抱所惊吓……大约我们每个人，都有过类似的经历。而这些所谓的向我们表示关心的举动，其实会令我们不悦。当我们谈论这些人、这些事，总会在心里默默回一句：不知分寸。

事实上，这里的不知分寸，无非就是对界限没有明确的把握。这个界限，既包括时间的界限、亲疏的界限，也包括场合的界限。

5

与人交往，靠得太近，摩擦便多了；离得太远，关系又淡了。“适当距离”的相处，既是一门艺术，也是人际关系的仪式感。

在保持恰到好处的相处距离方面，我们每个人都应该做到：和伴侣相处，给彼此留一点空间，允许对方有自己的朋友圈子，也认同对方的喜好。

和子女之间，保持“一碗汤”的距离。常去看望他们，遇到困难帮助他们，不干涉他们的生活，不绑架他们的思维。

和亲人相处，保持一份恭敬心。不要做一个长舌妇，试图打听别人的秘密。亲人愿意说的事情，认真听着，不愿意说的事情，不要打听，更不要干涉。

和朋友相处，本着无所求的本性。要明白别人帮你是情分，不帮你是本分，不要试图用道德去绑架友谊，让朋友无条件的满足你的需求。

和陌生人相处，保持礼貌的距离。说话要留有余地，要懂得看时机和适可而止，不要试图窥探别人的隐私，更不要强人所难。

人与人之间的相处，先有尺度，而后才有温度。亲而有间，疏而有密；和而不同，美美与共，这大约是交往的最高境界，也是人际交往里最好的仪式感。

辑九

谁也不是谁的谁，做自己的女王，美且独立

每一个懂仪式感的女人，

都不愿活成千人一面。

她们懂得投资自己，严格要求自己，不迁就，不将就；

她们有梦想，有原则，重视颜值，

更重视眼界和情商，且美且独立；

她们会全身心投入到学业或事业中，

风雨无阻，年华无欺，

活生生地为自己杀出一条血路。

有砍价的工夫，还不如多赚点儿钱

敢为自己投资，才是最大的理财方式，死抠眼前的两三百，是一件愚蠢的事。

1

上个周末和朋友一起去逛街，在一家女装店里，朋友磨磨唧唧地和店老板砍了半天价，仍然毫无结果。

这对于我这个嘴笨、不会还价，又没有时间的人来说，简直就是一种折磨。于是，我拉起朋友走出了这家店，随口对她说了一句："你有砍价的功夫，还不如多赚点钱。"没想到，当天晚上，朋友的QQ签名换成我说的这句话：有砍价的工夫，还不如多赚点钱。

事实上，我也并非一个富裕到不爱钱的人。只是，我不会花时间和精力在省钱上。我知道如今的理财书籍大多是在宣扬如何省钱的技巧，但是我，对于省钱，是不认同的。

2

想起了我在深圳工作的日子，那时的我，薪资虽然也不错，但我却想赚更多的钱，因为我想在深圳买房子。

于是，我常常混迹于各个论坛。看到帖子里写的大多都是关于如何省钱的攻略，观察了一下，大致上分为省交通费、饭钱、水果钱，等等。有的人在帖子里分享说如何吃饭，一个月可以省300元。

那时候的我虽然穷，但总觉得，吃饭能省几个钱？省下个这两三百又能做什么？有时间和精力在网上分享省钱的功夫，还不如去展览会做做翻译啥的都能赚到钱，为什么一定要想办法省钱，而不是想办法赚钱呢？

记得刚到深圳时，见到华为公司那绿树荫荫的办公场所时，我就在心里发誓：我要到里面上班。然而，当时的我毫无工作经验，又不是211、985大学毕业，要成功面试，谈何容易？但当时的我，很清楚一个问题：不是211、985大学毕业是我现在无法改变的，但工作经验却是我现在能够改变的。

于是，我应聘到一家电子公司，工资要求：无。我在这家公司的工资是1000元，身边的许多朋友都说我傻，因为按照当时的人力成本来算，我的这份工作最低工资是2500元。但我依然在里面勤勤恳恳地做了6个月。

在这6个月里，我学会了基本的商务礼仪、公文写作、电脑的各种知识、资料的整理、邮件的回复，等等。后来，我靠着这6个月学来的东西，成功地进入了华为公司，第一个月薪水就是5000

元。表面看起来，在电子公司里我实际每个月少了1500元的收入，6个月就是9000元。但是我利用这9000元为自己的工作技能投了资，而且大赚了一笔。

这件事让我明白：敢为自己投资，才是最大的理财方式，死抠眼前的两三百，是一件愚蠢的事。

3

大部分情况下，我们总是追求眼前的一点小利益，认为省下的就是自己赚到的。事实上，除了降低了自己的生活水平，你一无所获。穷，仍然是穷。不信的话，你看看你的家里，是不是发现：很多当年你舍不用的东西，现在都已经用不着了？图便宜买下的东西，最后都扔掉了？舍不得吃的东西，已经过期了？……

这些就是你以为省钱就是赚钱带来的结果不仅没有真正的省下钱，反而给家里增添了一堆破烂。

说到这里，有的人会说："我也想赚钱，下班做个兼职挣点钱，但找什么样的兼职呢？"这个问题，我无法回答。因为每个人的能力和生活是不一样的。唯一不变的是：你要先为自己投资，而不是一味地输出。

比如，刚毕业的大学生可以在下班后多学习一些新的技能，而不仅仅是拿着手机刷朋友圈。同时，兼职赚钱也不是能立竿见影的。比如，像自由撰稿人这一行，新手撰稿人的收入是很低的，甚至常常会被人拖延稿酬。

记得8年前我第一次拿到稿费时，是写一本《伊丽莎白三世》

的历史书籍，花了整整两个月，稿费才2500元。但当时的我还是非常兴奋、激动，我用这笔钱为自己买了一件心仪已久的长风衣。尽管这件风衣，现在的我已经穿不进去了，但它永远挂在我的衣柜里，提醒着我曾经开始的那个起点。

当然，我并不是说省钱是错的，相对于哪些吃父母老本、为了买名牌包包天天吃泡面的人来说，省钱还是值得提倡的。但对于我这个粗线条的人来说，与其死抠地省钱，我更喜欢想办法赚钱。我相信：砸下去的钱永远和收获成正比。

如果你也是这样的人，那么请不要让自己陷入徒劳无益的眼前利益中去，用节省的时间和精力去做点有意义的事情，学习些新东西，你就获得了投资自己的机会。

而这样的投资，总有一天你会加倍地赚回来。请相信我：这是一种高收益、低风险的理财方式。

对每件小事有点儿要求，会成就一个最好的你

优秀的女人，无论环境多宽裕、多舒适，都会对自己有所要求，时刻保持一种仪式感的气质。

1

熟悉我的人，都说我是一个充满仪式感且什么都要求很高的女人。

生活中，家里每天都要有一束鲜花，不需要多贵，但至少让我每天都能闻见花的芬芳；我不经常做饭，但只要我动手做，我一定会用最好看的碗筷，吃的时候也一定会摆上餐布；衣橱里的衣服永远要按类别摆放整齐，就连衣架的位置，我也不希望它随意改变。

工作中，即使策划大纲已经通过，我仍然会不断地进行修改、思索，力图找到一个最好的、自己满意的；稿件的一个章节已经写完，自己读一遍，觉得还不够好，哪怕这样的写法其实已算合格，我仍会全部删掉，挑灯夜战，直到自己满意为止……

所以，我的朋友都说我是处女座，有吹毛求疵般的“强迫症”。其实，我是白羊座。我只是对每件小事有点要求而已。

2

在深圳工作时，有一个同事，香港人，43岁。凡是在公司里见到她，她永远都是整整齐齐，精神抖擞，犹如一只打满“鸡血”的战士。虽然公司里要求大家上班要着职业装，但像这位同事这样的，真是罕见。

有一次，公司要并购，我们整个部门加班至凌晨4点，完事后大家都累得趴在办公桌上休息。早上9点上班时，我们一个个端着咖啡还睡眼惺忪强撑着的样子，这位同事已经西装革履，整整齐齐，精神抖擞地站在了我们面前。

我们集体给这位同事点赞，大家纷纷问她为何如此，只见她回了我们一个谜之微笑，然后缓缓地说：“我是一个对自己有点要求人。”不知道什么原因，那一刻，我竟然有些感动。

我向来不喜欢去谈高大上的励志人物，自己觉得远，听的人也觉得远。其实，就在那些离我们很近的人身上，往往也能领悟到优秀的意义。优秀的人，无论环境多宽裕、多舒适，都会对自己有所要求，时刻保持一种仪式感的气质。在短时间内，这种仪式感所带来的变化微乎其微，但假以时日，却能让自己与周围的人拉开长长的距离，收获一份惊喜。

3

我们大部分人都认为生活应该是随意的，只要在大事上做到严于律己，小事上根本不用太计较。比如，家里的地今天拖了明天就不用拖；看书看到哪里都行，不用规定一天必须要看20页；头发要不要洗，反正出门倒垃圾也不会碰上前男友……

我原来也是这样认为的。只是，当我慢慢成长后才发现：对小事没有任何要求的人，大事也肯定做不好。比如，考试时会习惯性迟到，撰稿时会习惯性拖延……生活中习惯懒散的人，内心已经没有了仪式的概念，等你想集中精力做一件事时，你会发现，自己就像刚睡醒一样，凌乱不堪，找不着北。

事实上，我们大部人都是平凡的，根本没有什么大事可言。每件小事的处理方法汇聚在一起，就塑造了一个你的样子。

当一个女人对自己没有要求的时候，她就没有资格对世界提出要求。每一个优秀的女人，都不是与生俱来带着光环的，也不一定是比别人幸运而恰逢了一个更好的机遇。她们只是在任何一件小事上，都对自己有所要求，不因舒适而散漫放纵，不因辛苦而放弃追求。雕塑自己的过程，必定伴随着疼痛与辛苦，可那一锤一凿的自我敲打，终究能让我们收获一个更好的自己。

想要成就自己，最可怕的不是没有运气、没有金钱、没有伯乐，而是从一开始就对自己没有任何要求。一个对自己没有任何要求的人，是没有资格要求别人的。生活中，我们不需要每时每刻都打“鸡血”，但周围每一个比你在某一方面好一点的人，都是你需要学习的对象。对每件小事都有点要求，就铸造出一个最好的你。

全线凑合状态的解药是专注、专注、再专注

当一个人确定做一件事后，提高做事效率的根本方法就是专注。多线任务处理看上去很美，但操作起来很难。

1

我有一个朋友，年长我10岁，虽然同在深圳，我们的工作时间表却天南海北，难得聚到一起吃顿饭。

有一年冬天，在一家小餐馆，一边吃虾，我一边和她讲起这几年自己涉足的领域，内心里有一点点小小的满足和得意，渴望得到她的肯定。因为在之前的合作中，她虽然并非我的导师，却是支持我的人，亦师亦友。

我说完，她没有说话。我鼓起勇气问她：“如果你给我一个建议的话，会是什么？您取得成功是源于什么呢？”

她喝了一口茶，淡定地说：“现在的你像八爪鱼，没有专注在一个点上，同时想做的事太多。我们吃饭的这一小时，你也不时拿出手机，怕耽误了回复信息。有些事，真的那么重要？”

之后，她讲起了自己年少时的经历。本科刚毕业时，她在一个公司做人事专员，为了做好这一工作，本不是人力资源专业的她，通过向有经验的人学习、请教，竟然考取了人力资源资格证。那4年的时间，她一直在专注于一件事——做人力资源的工作。4年以后，她获得了公司的升职机会，成为公司的人事总监。

2

透过朋友的话语，反观我自己，感觉自己就像一个忘我的小孩在玩沙子，玩得津津有味。2014年，我跟许多人一样，迷上了刷朋友圈、看微博。有一个月，每天晚上我都会在刷朋友圈、看微博的同时写一些东西，有时还要和编辑沟通。

刚开始，这种三线作战尽在掌握的感觉好极了，觉得自己既娱乐了，工作也没耽误。几天下来，郁闷的事来了：编辑反映稿件前后矛盾，逻辑不通。朋友圈和微博也并非时时有新鲜事。之前刷一次朋友圈用时5分钟，单独工作用时15分钟。两件事同时做，半个小时也不能完全搞定。什么都没做到最好，幸福感很低。所以，真正的多线程工作不是这样的。

当一个人确定做一件事后，提高做事效率的根本方法就是专注。多线任务处理看上去很美，但操作起来很难。有人觉得自己可以边听歌边看书，有人边工作边聊天，认真观察，可以得出一个结论——大部分人如果真的同时做两件事，会有主次之分，或者是同时做的事中有一件不用太费脑子。比如，真正用到大脑双线操作的同声传译，一个专业译员连续工作的时间是15分钟，超过20分钟就会疲惫不堪，要让同伴替换工作。

如果抱着差不多的态度做事，开会时刷朋友圈，会议内容只能听个差不多。与人聊天时玩手机，交流也是差不多。这种“差不多”的习惯一旦养成，只能“差不多”地活下去，无法享受极致的生活，“一鸣惊人”“完美主义”这些词将和我们无关。所以，应对这种多线操作，全线凑合状态的解药是——专注、专注、再专注。

对此，我非常喜欢的作家严歌苓，有一次在做指甲时，有人提醒她说：“你电话响了。”她说：“让电话响吧，他说什么话会比我现在要做的事还重要呢。”

不管是我的朋友，还是作家严歌苓，或是我，想要告诉大家的是：一旦我们专注了，工作中任何一件事，都可以变得高效起来，继而获得满足感。

3

近几年，我观察了身边很多成功的女人的职业习惯，他们普遍的特征是专注，除了认真地专注于自己的事业，她们更多关注的是如何提升自己在这个领域的能力，钱并不是第一考量。所以，如果你也想摆脱全线凑合的状态，那么请专注、专注、再专注。

那如何才能做到专注呢？我是这样做的：

（1）隔离，把自己从世界中抽离

学生通常会在公共自习室或宿舍中学习，办公族通常在开放式的工位上工作，旁人的走动、闲聊会不时打断思路。要么尽可能选择周围没人的环境，手机静音，或者戴一个偌大的耳机工作，别人看到了也不会过多来打扰你。

（2）从坚持 10 分钟做起

从坚持10分钟不看手机做起，重度手机依赖者刚开始会觉得10分钟很漫长，不时拿出手机看一眼，生怕自己漏掉一条信息。第5分钟忍不住想看一下。慢慢地练习，这个时间就会变长，15分钟不看手机不再困难。

第一次尝试，坚持到7分钟就可以奖励自己，可以是零食、半杯可乐，用这种继续隔离的方式奖励自己。

专注30分钟后，进入更高效的学习和工作状态，而下一个30分钟效率会比之前高得多。一天里，如果有8个30分钟即4个小时主动、高效的工作状态，就相当不错了。有统计表明，上班族每天高效工作时间平均不到4小时，大部分是碎片化的走神状态。

人生总有起伏，状态也分高低。每天的状态不同，请你高效工作时间超过4小时，别错过机会，利用这一天疯狂工作。如果某天身体疲惫，心不在焉，也别刻意要求，略做休息，找回节奏。

我有梦想，
从此在自己的世界里闪闪发光

梦想哪有那么复杂，不过就是一点点儿的执着，再加上一点点儿的坚持。

1

小区里有一家集护肤、健身与保养为一体的女子会所，吸引了许多爱美的女性。因为正规，价格也公道，我也常常在工作之余跑去按摩放松一下。

会所里的按摩师是一群年轻的女孩。在这群青春妖娆、喜欢聚在一起聊化妆、美容或者娱乐八卦的小姐妹中，莹莹显得格外与众不同。每次我去会所，总会看见她一个人安静地捧着一本书。因为对她印象深刻，我总是请她帮忙做按摩。熟识了之后，我对她的情况便有了大概的了解。

莹莹出生于一个重男轻女的家庭。因为家庭承担不起两个孩子上学的费用，高三那年，学习成绩优异的她被迫中断了学业。但她心底始终有一个会计梦。这些年，她换过很多工作，却始终

没有放弃自学。后来她来到了这家会所，遇到了好心的老板，愿意支持她看书学习。

莹莹告诉我，她已经通过了会计初级职称考试，正在准备考中级。白天，她会努力的学习护肤手法，晚上下班后回到住所，便会拼命啃书。因为底子太薄，又没有工作经验，读懂那些晦涩的专业书籍对她来说并不轻松，但她总是笨鸟先飞，一遍看不懂就看两遍、三遍。

今年年初，因为工作忙碌，我许久没去会所。等到再去的时候，却不见了莹莹的身影。向老板打听之后才得知，莹莹通过了会计师考试，重新换了一份工作，现在在一家小公司做出纳。听到这个消息，我由衷地兴奋。

人人都有梦想，但并非人人都有机会。我们总是在埋怨命运对自己过于亏欠，却从没想过像莹莹那样即便深处黑暗的谷底也依然为梦想留一扇最明亮的窗。

2

不知从什么时候起，梦想变成了一个被大多数人束之高阁的高冷词语。很多人不敢提它，一是它会在你与周围的人当中建立起无形的隔阂，二是当你谈及梦想的话题时，别人总会觉得你虚伪可笑。

大多数人对于梦想的概念，或许是人类的首次登月成功；或许是马丁·路德·金的《我有一个梦想》，又或许是奥巴马成为美国历史上第一位非洲裔总统……但在这一切的或许中，唯独没有我们自己。

为什么？是我们不懂得梦想可以有很多种定义吗？还是我们不明白梦想不一定都跟地位和金钱有关？非也。真正的原因正是在于残酷的现实早已让我们将梦想的定位缩小在了苟且的生活里。久而久之，梦想就变成了坐坐公交、挤挤地铁、打打麻将和抱怨抱怨公婆，它早已失去了原本鲜活的颜色。

每次在小区或者商场里，看见那些一边聊八卦，一边看手机，斤斤计较，搬弄是非的女人，我都会忍不住想：她们有过梦想吗？或许曾经有过吧，只是在世俗的磨砺中，在现实的指引下，梦想被生生地压了回去。

不要急着否定，问一问你自己，你有多久没好好看一本书了，有多久没去健过身了，当别人在为升职加薪努力奋斗的时候，你是不是还躲在自己的安稳世界里？

或许在这个现实的社会里，梦想的确是一件奢侈品。或许忙忙碌碌的人生已经将你折腾得够呛，你根本腾不出时间腾不出精力去做一些徒劳无功或本身就希望渺茫的事情。你想开一家书店，你想要去一趟西藏，你想要出一张唱片，你想要……这些梦想，终究都因为现实成了天方夜谭。

与具体而实在的柴米油盐相比，不能立马折现当饭吃的梦想确实显得太不踏实。但梦想就是梦想，它具有与生俱来的光芒和魅力，假如缺失了梦想，我们空虚的精神世界难道要靠柴米油盐去填充吗？

所谓梦想，有梦才会想。但必须明白的是，梦想的实现，绝不是想出来的，而是靠脚踏实地、不断求索得来的。当你朝着梦想的方向，一点点儿地前进，终有一天，你会看见梦想的光亮。

3

苏格拉底说："世上最快乐的事，莫过于为理想而奋斗。"因为长期从事写作工作，我经常会收到一些读者的留言。某次，一个读者在网上给我留言，大致是说他也爱好写作，但苦于没有时间写，也没有写作素材，希望我能传授一些写作经验。我很认真地思考了这位读者提出的问题，最后回复了他这样一句话：有些事，只要想做就有时间，就一定能做好。

这世上，谁的成功是随随便便的呢？为了写稿，为了找灵感和素材，我每天要花费大量时间阅读，经常与不同的人打交道。当别人在唱歌、聚餐甚至睡觉的时候，我独自守着孤独，与书香为伴；当别人因为投稿无门或稿件石沉大海而沮丧放弃的时候，我却主动加了编辑的社交账号，聊写作需求，请求批评指导。不是没有遭遇过退稿，也不是没有怀疑过自己的能力，只是每次在因为写不出好文章而灰心丧气的时候，我都会在心里默默地告诉自己：再坚持一下。

因为每天坚持写稿看书，慢慢地，我开始收到散发油墨香的样刊；慢慢地，我开始被约稿，开始写畅销书，到如今开了公众号，被编辑留言出书。

事实上，梦想哪有那么复杂，不过就是一点点儿的执着，再加上一点点儿的坚持。任何事情当你总是停留在想的阶段，即便它再简单，也终究只是想想。与其将梦想夸得高大上，不如将它视为力气活，除了憧憬和期望，还需要隐忍和坚持来配合。

如果你是有远大志向的鸿鹄，就不要做温水里的青蛙，努力跳出生活的舒适区，充满关于梦想的仪式感，你才能飞得更高更远。

4

也许你要问：对于女人而言，什么是关于梦想的仪式感？答案其实很简单，那就是每天留出三分钟的时间给梦想。不要小瞧这三分钟，有句话叫作“三分钟热度”，利用这三分钟的行动时间，你可以想清楚很多事情。

（1）深度思考你的梦想是什么

给自己三分钟的独处时间，让自己安静下来，认真思考一下生命中是不是还有一些未来得及实现的梦想，能够激起你对生活的那一点点激情和热爱。

（2）拓宽梦想的广度和深度

在这三分钟里，放开对自己的压抑和束缚，彻底清空自己，尊崇本心，暂时忘掉那些现实的牵绊和限制，问一问自己，你想要实现什么梦想？你希望自己未来的人生朝着什么方向努力？

（3）勇敢说出你的梦想

在这三分钟里，大胆地对自己说出心中隐藏的梦想，考量一下自己想要实现这个梦想的激情还剩多少，只要这种激情还没有完全消退，就说明你的人生还有希望。

（4）找到梦想存在的意义

利用这三分钟，理清你想要实现的梦想的价值，告诉自己，即便在追梦的过程中没有获得成功，你还可以赚得经历，如果没有经历，你还可以赚得心态，即使什么都赚不到，至少你得到了一个试一试的机会。

三分钟对于漫长的一生而言，或许只是短短的一瞬，或许它无法将一个患有严重拖延症的你变成执行力极强的你，但它的最大意义便在于，你还愿意去尝试给梦想插上翅膀，愿意给梦想时间。

我有梦想，从此在自己的世界里闪闪发光。

我爱自己，没有情敌

一个真正学会了爱自己的女人，一定会好好安顿自己、成全自己、治愈自己。在最痛的时候，加倍爱自己，在最坏的时候，做最好的自己。

1

不知道从什么时候开始，我的书桌上，开始出现了各种各样的保养品，并且越堆越多。比如，维E、维C、钙片、鱼肝油，黑糖、坚果粉、薏米茶、固元膏，大麦青汁、胶原蛋白饮、蔓越莓胶囊……

朋友总是调侃我：“你现在真是注重养生啊。”我笑笑，没有接话。因为只有我自己知道，这一大堆瓶瓶罐罐，至少一大半，已经变质或过期。它们也见证着我无数次被刺激之后，决定好好善待自己的决心，但却又半途而弃的事例。

某一天，趁着闲暇时光，我对这些保健品进行了一次大清理。完事后，看着干净整洁的桌面，不禁在想，一个女人到底怎样才算善待自己呢？

记得大学时，同宿舍的闺蜜脚后跟被新鞋子磨破了皮，然后拉着我去鞋店买新鞋。我不解地问她：“新鞋磨脚不是很正常吗？凑合穿些日子，撑大一点就好了，何必买新的。”闺蜜头摇得像拨浪鼓：“不能凑合，鞋子磨脚怎么能凑合穿呢？”

我张了张嘴，没有说话。其实我很想告诉她，我一直是这么穿的。磨脚算什么？贴个创可贴就可以了。但我知道，家庭观念和经济条件的不同，决定了我们不同的生活方式。闺蜜总是随心所欲地买自己喜欢的东西，而我20岁之前，一直是这么凑合过来的。

物质上凑合。一日三餐总是最简单的食物，旅游出行屈指可数，只在书本上见过名山大川。需求上凑合。即便再喜欢，父母也没有闲钱买给我，也只能作罢，生生把渴望咽下。从来不会撒娇耍赖，更不会大哭一场以泄委屈。精神上凑合。永远纠结、拧巴、挣扎，从未有过酣畅淋漓的快乐。

21岁那年，我大学毕业参加了工作。随着经济慢慢独立，我的人格也独立了起来。在某一次拿到工资后，我突然觉得自己的人生不能再这样下去，我应该好好爱自己，好好将二十多年的亏欠，补给自己。对于一个刚从十余年寒窗里爬出来的年轻姑娘而言，爱自己，是一个令人振奋的决定，更是一个令人迷醉的朦胧向往。

后来的日子里，我怀揣着这份爱自己的决心，义无反顾，跌跌撞撞，一晃又是十几年。

2

马斯洛在《人类激励理论》中将人类的需求分为五个层次，最低层是生理和安全，而最高级的是尊重和自我实现。

在这后来的十几年里，我总结爱自己的方式，也分为三个层级。

（1）买买买扔扔扔，赚赚赚花花花

有很多人如同我一样，认为爱自己的方式首先是在物质上满足自己。在物质的世界匮乏太久，占有欲一旦爆发，就会表现出外人无法理解的贪婪。

那时候的我，看到“清仓打折”的字样就会冲上去，抢一堆在后来基本闲置的东西；遇到心仪的裙子总是买两条，一条穿身上，一条挂在衣柜里；每次出门逛街，即便什么都不需要，也一定要买点东西。

不停买买买，不断扔扔扔。再去赚赚赚，继续花花花。那种随心所欲所带来的快乐，那种花钱所带来的满足，那种终于不被管制的爽劲儿，是我过去二十多年从未体验过的，终于长大成人的痛快，没被苛刻管制过的人，大约不会懂得。

25岁那年，我终于学会了不穿磨脚的鞋子，知道了迪奥的口红比美宝莲好，宁愿多花钱也要去西餐厅而不是火烧铺，只为了寻一个优雅幽静的环境。

（2）活出自己的安全感

矫情和安全感缺失大约是女人的通病。30岁之前，我心存执

念，不停地去要、去索求，愈发怕痛怕失去；30岁之后，我突然明白，安全感的获得，并不是靠买买买和爱爱爱，而是靠内心的强大。

某次聚会的时候，朋友说："刚结婚时，满心满眼是他，恨不得把所有的美好都给他，生怕别的女人惦记他。后来慢慢改了主意，有那份闲心，不如给自己炖燕窝煲靓汤，不如做做瑜伽、游游泳，好好保养自己、爱自己。自己变好了，还怕别的女人来跟你抢老公吗？"

我们哄笑，捧一盏玫瑰花茶，在香气氤氲中，感慨前尘旧梦，不知从何时起，当年那些爱长夜痛哭的女生，都活成了女王范儿。

上班脚踩高跟鞋落地有声，回家左手奶娃右手电话。并非追求达则兼济天下，而只是想拥有养活自己的底气，不吃闲饭不看冷脸，不抱大腿讨生活，梦想亦无须谁成全。

穿优质内衣，用品牌床品；吃丰盛早餐，做适度运动；包里备好伞，手机满格电，卡里有自己赚的钱。不再艳羡别人的婚姻，也不再抱怨自己的生活。对于爱人的爱和怜惜，再也不会视为唯一。

30岁的我将自己活成了家庭的另一半天，也终于找到了自己想要的安全感。

（3）过去现在，一并深爱

曾经有位90后的女孩留言说：希望能成为你那样的人。我在心里默默地笑了笑。如果她知道我曾是怎样的人，她一定会改变

自己的想法。

事实上，我一直不愿回忆自己的过去。那些最青春的时光里，孤独又倔强，任性而迷茫的自己。大约每个曾经偏激的女子，心中都有无法愈合的伤口。那些儿时不曾满足的渴望，那些童年未被理解的隐忧，组成了我的伤疤，让我在成年后，色厉内荏用力过猛地活着。

情感疗愈作家素黑说：爱不是目的，而是优化生命的过程。越年长，越坦然，越愿意面对。当我慢慢尝试着走进尘封的过去，我开始不再逃避，也开始慢慢懂得，正是那时的自己，成就了现在的我。正如年纪越长，越懂得为什么有人会辞去百万年薪，选择到茂盛原野盖间房；为什么有人青春大好，却去乡间学习成为手艺匠人；为什么有人光鲜体面，依然在夜里点灯执笔写红尘。

所谓仪式感，大约就是一个从放肆到节制的过程；真正的爱自己，就是一个从形式到内容的质变。

经历过苦涩的童年，也拥有过放任的欲望、虚弱的色厉内荏和夸大的坚硬强大，如今平淡、坦诚的我，才是真正鲜活的我。

3

不放任也不压抑，不苛责也不娇纵，在穿越重重阴霾后回到过去，找到那个曾经浑身是刺、满心是伤的小女孩，并给她一个深情的拥抱，然后与过去的痛苦握手言和，这大约才是真正爱自己的最好方式吧。因为爱自己，愿意聆听心底深处的声音，愿意找到一种方式，与自己和解，与自己平衡。

告诉自己，我想要的，此刻都有。我未得的，努力去挣。不再悔恨从前，也不急于寻求将来，不辜负每一次吃的苦，不辜负所走的每一步路，不再逃避过去，更不再寻枝可依。

一个真正学会了爱自己的女人，一定会好好安顿自己、成全自己、治愈自己。曾经在网络上看到过这样一句话：我谈过最长的恋爱就是自恋，我爱自己，没有情敌。的确如此，终其一生，女人最重要、最盛大、最旷日持久的爱恋，不就应该是自恋吗？不就应该是想自拍就自拍，想扮美就扮美吗？不就应该是与自己相看两不厌，过去现在一并深爱吗？

走过四季流转，如今，32岁的我，终于可以坦荡、磊落、毫无顾忌也毫无保留地去爱自己。终于可以真真实实地感受到身体在老去，而心却前所未有的年轻。

在最痛的时候，加倍爱自己；在最坏的时候，做最好的自己。一生一世，最大的情敌，便是自己。

辑十

单纯为了经营生活很累，女人的仪式感完全可以更高级

为了经营好生活，
我们习惯性地追逐、索取、奔跑，
忘了停下来静静思考。
于是，生活在柴米油盐的浸泡中，
失去了往日的颜色和鲜活。
单纯经营生活很累，给生活加点儿料，
在鸡毛蒜皮的小事中收获惊喜、浪漫、幸运和美好。

经常读书的女人，到底有多厉害

若有诗书藏在心，岁月从不败美人。读书能改变女人的气质、提升女人的魅力，影响女人的命运。对于女人而言，阅读才是最高级的仪式感。

1

和朋友聊天时提到了读书的话题，现在有很多人纷纷表示，已经很久没有阅读过，甚至有人从毕业以后就再也没碰过书。对此，我惊讶万分。但朋友们的理由似乎也很合理，大家工作都很忙，基本没有时间光顾图书馆了；要上班，又要照顾家庭，哪里还有精力去翻书呢；手机已经能满足基本的娱乐了，视频、段子、游戏等随处都有，哪还有心情读书；以前就不爱读书，但是没办法不读，现在终于不用被迫读书了，为什么 要为难自己……

尽管我不认同，但她们合情合理的理由，让我无法反驳。或者说，这就是现实。不管愿不愿意承认，在我们的生活中，愿意沉下心来认真阅读的人已经越来越少了。

某一次，我和一个前辈一起吃饭，席间聊起了出版业的现状，这位前辈摇了摇头说道：“现在读书的人越来越少了，年轻人都在忙着玩游戏或者玩别的，他们追逐热点，追逐明星，追逐网络游戏，喜欢在虚拟的世界里放飞自我，哪里还会将时间‘浪费’在翻书上。”最后，他忧心忡忡地感叹道：“不知道等这些年轻人成为社会的主流之后会怎样。”

我笑着宽慰他：“本来喜欢读书的人在社会中的占比就没有那么大吧？以前是，现在是，大概以后也会是。”

其实想一想，事实就是如此。爱读书的人依然在读，不爱读书的人总是能找到让自己开心的方式，只不过这种方式从以前的溜冰、打台球，换成了如今的玩手机、玩游戏；只不过以前没有那么多人忧心忡忡，又或者会在社交媒体上大声疾呼“你们怎么不读书”？

说到底，读书不过只是一种可供选择的生活方式。毛姆说：“养成读书习惯，也就是给自己营造一个几乎可以逃避生活中一切愁苦的庇护所。它让我们从心底深处，更加认识我们自己、更加笃定、更加自信、更加自爱。”

关于这一点，《刺猬的优雅》书里的那个严肃而不苟言笑的守门女人勒妮为我们做出了很好的示范。看起来拒人于千里自外、平淡无奇的勒妮，却有一个属于自己的完美天堂——一间堆满了书的小书房。每天做完杂货后，勒妮都会坐到那里安静地读书，享受自己的独处时光。当她一边摸着手边的黑巧克力，一边沉浸在书香里时，她才是真正的勒妮——一个充满了仪式感的女人，一个从未被生活抹掉棱角的女人。

尽管在那所公寓里，几乎没有人认识过她，但那又有什么重要呢？她骨子里散发出的优雅，已经证明了她的价值。

希望每一个充满仪式感的女人，都能成为生活中的勒妮。

2

毛姆还曾告诉我们："世界上没有丑女人，只有一些不懂得如何使自己看起来美丽的女人，时髦的装扮可以让女人变得漂亮，但她最大的美丽是内在的修养，多读书，通过读书培养一种区别与他人的品位和修养。"

杰奎琳被誉为美国最得体、最有气质的女人，她最大的爱好便是看书，这一点，无论是在她年轻时，还是年老后，从未改变过。在杰奎琳去世后，她的女儿卡罗琳曾拍卖了她的图书。当时，卡罗琳这样说道："母亲给我留下最深刻的印象是她读书时的样子，无论在城里冬日的下午，还是海边夏日的傍晚，她总是手不释卷。"

热爱阅读大概是让杰奎琳与众不同的关键。在杰奎琳的身上，总有一种退一步的气度，仿佛有一道屏障将她与尘世的身份隔开，即便当她身处风口浪尖时，她依然可以优雅地泰然处之，现实中的那些蝇营狗苟，从来就影响不到她。

事实上，读书除了可以改变我们的气质、提升我们的魅力，还能影响我们的命运。

我的好朋友默然是一个命运多舛的人，母亲早逝，家境贫寒，好不容易通过努力念完了大学，做了一名人民教师并成了家、有了孩子，岁月似乎从此静好，但命运却依然不肯放过她。在生孩子时，她意外得知当初因为办助学贷款，档案被学校扣留

（本人并不知情），教师编制并没有入档。也就是说，她成了一名临时人员。

当时，和默然同样情况的教师全市大概有几十名。不是没有争取过，当她找到分管领导的时候，领导告诉她，这是大环境所为，无能为力。默然是一个不会轻易被现实打倒的人，后来的日子里，她一边带孩子，一边看书复习，也得益于这些年她从未放弃过阅读和学习，过去的底子还在，所以不久，她就顺利考进了一所事业单位。

那些同样面临身份转换的教师纷纷对她表示赞叹和羡慕。殊不知，默然与她们的不同，不是在于运气，更不是在于天分，而是在于她知道通过读书来改变命运。这份对读书的坚持，似绵绵春雨，缠绵细碎，却湿地三尺。

女人的美有三种：一是天生丽质，清新脱俗；二是后天修饰，娇媚惊艳；三是腹有诗书，气质优雅。唯有第三种美，是自内而外的美，经得住时间的考验，耐得住岁月的雕刻，令人沉醉。所以，与其将时间浪费于成天的猜测与纠结老公出轨、婆婆不爱、邻里之间的琐事，不如静下心来，捧一本好书，在无涯的书海中，品位人间百味。即便你读过的那些书对你的困境于事无补，至少，你能从书中收获更好的气质、心态、眼界、素养和情调，而这一切，将让你终身受益。

3

读书改变的不只是内在，也可以是圈层。在小区里，我结识了一位妈妈，起初是因为孩子同龄，我们有了一些交集。渐渐地，我便成了她家的常客，因为她那满满一书架的图书，令我心驰神往。

认识她后，我仿佛找到了人生的一块瑰宝。我常常带着孩子去她家做客，有时候什么也不做，就静静地坐在书架前，我和她，我的孩子和她的孩子，我们四个人一人一书，那画面实在很美。读到精彩之处时，我们会彼此分享，偶尔有读不懂的，我们也会互相询问，这种亦师亦友般的关系，让我十分自在。

因为长期阅读，她对事情的看法条理清晰，当我在生活中遇到困境时，也会向她请教。除了我，热爱读书的她还吸引了一群同样爱好读书的人。她经常会和一群志同道合的朋友们一起举办讲书或者交流读书感悟的活动。

一个胸无墨点的女人穿上华丽的外衣，美倒是美的，却美得空洞和轻浮。唯有那些胸藏文墨、腹有诗书的女人，才美得有灵魂。当你把他人的聪慧加上自己的理解，恰如其分地轻轻说出时，你的红唇往往比任何色彩的涂抹，都更加光艳夺目。

4

客观来说，我非科班出身，所从事的工作也与写作有着天壤之别，对于我能走向写作这条道路，许多人十分惊讶。而我与写作的不解之缘，得益于我对阅读的热爱。少年时看《红楼梦》，尽管无法深刻理解，却欣喜于里面句句惊艳，满是入心的句子。

后来通过《半生缘》《小团圆》了解了张爱玲，才明白天才和庸才最大的区别便在于天才写出来的东西经久不朽，庸才写出来的东西转眼便成云烟。

那时候，我总是一边骂着负了张爱玲的胡兰成，又一边对他的《今生今世》欲罢不能，想看他和张爱玲的相爱相杀；失意时，总是用“冬天来了，春天还会远吗”来安慰自己；看到奥尔罕·帕慕克这样说：“我是一棵树，而我很寂寞，我在雨中哭泣……”又很快读懂了他下面一句：“我不想成为一棵树本身，而想成为它的意义。”

阅读让我选择了对那些缠绕我的琐事淡然处之，让我找到了心灵的引导和慰藉，让我变得更加坚定、更加忠于自己，而不再像浮萍一样漂浮不定。当我沉浸在字里行间的时候，我感觉自由而快乐，我会在那些字句中寻找我的心灵呼应，我会在某个精彩的章节中看到自己的影子，我会忍不住为某个片段叫好，也会在某个时刻黯然伤神。

在成为职业撰稿人后，因为写作的需要，我常常为了一个选题而在一个月内读完上百本书，有些是精读，有些是粗略翻看。也正是因为有了这些阅读的经历，当我每写完一本书后，我往往就成了这一行业的半个“专家”。

读书从来就不是一件多么了不起的事，但不可否认，它让我成了更好的自己。

某一次，朋友的丈夫要和他人合伙创业，朋友打电话向我咨询股权分配及合伙事宜的注意事项。在电话里，我详细地向她讲解了股权分配的比例问题以及与人合伙的注意事项。因为我不是专业的律师，起初，朋友的丈夫对我的话还存有疑虑。后来，他们又专门找了一名律师咨询相关事宜，结果律师所说和我所说相差无几，甚至有些地方解释得还不如我说得通俗易懂。

当朋友的丈夫再次打电话来向我致谢，并夸奖我“太牛了”时，那种被人认同的幸福感不禁让我感叹：读书，真好。

读书是一件享受的事情，它能带给你的那种愉悦感和成就感，就像光阴里开出的一朵蓝莲花，看上去温婉，实则有一种强悍的风情，它让你坚定地知道自己要什么、不要什么，让你在人生悲喜和积尘缠绵的岁月里，逐渐积蓄力量。

坚持读书和长期不读书的女人，往往一眼便能分辨出来，因为读书能带给人不同的对待生活的思维方式。

读书是我的日常。我喜欢这“日常”二字，褪去浮躁，它们让我感觉踏实。当工作一天的我洗漱完毕，安静发躺在床上或者伏在案边，捧一本书，就着明亮的灯光细细品读，疲惫便一扫而空。

若有诗书藏在心，岁月从不败美人。在有限的生命里，不如多读一点书吧。对于女人而言，阅读才是最高级的仪式感。

爱生活的你，怎样都好看

坚持自我，热爱生活，在逆境加身时从容淡泊，在人生得意时低调内敛，这或许是女人对生活最高的仪式感。活出真我的最高境界大约就在于用温柔的力量，让时间推行，忠于内心的感受，即便世界纷纷扰扰，我的内心依然美好。

1

刚刚看到好友小微发的朋友圈：“我不胖也没病，有工作有朋友，即将去国外进修，生活简直太美好。”配图是一张扎着马尾、迎着太阳，生机盎然的脸。我有一点动容，忍不住留言到：“爱生活的你，怎样都好看。”

看到这样的文字，你一定会觉得写文字的人是一个生活幸福的人吧。其实，小微刚刚经历了母亲病逝、男友劈腿、遭遇职场小人等一系列在别人看来犹如晴天霹雳的劫难。

在那些艰难的日子里，小微没有一蹶不振，她把QQ签名改成：“生活是一面镜子，你对它笑，它就对你笑；你对它哭，它也对你哭。”然后收起悲伤，一身傲骨、一脸倔强地向前奔跑。

那段时间，我时常看见小微戴着耳机，一边听周杰伦的歌，一边在街头的包子铺排队买包子。当她迎风沐雨，以生机盎然的姿态生活时，平凡的她，变得无限的美。

小微说，这就是她对生活最好的仪式感。

2

心态好的女人大都很幸福。这一点除了小微，周姐身上也有。周姐并不年轻，可她看起来还是少女的模样。她乐观、豁达，印象中总是笑嘻嘻的，生活得很幸福。

我曾经疑惑地问过周姐：“你每天都这么开心，就没有烦恼吗？”

“有啊！”周姐很认真地想了一想才回答我，“记得刚有孩子那几年，既要工作，又要操心家庭和孩子，还要处理婆媳矛盾，每天手忙脚乱的，心也很累。在公司里，坐下来便和同事抱怨生活艰难、婆婆苛刻，回到家又埋怨老公懒、孩子不省心。久而久之，生活里似乎只剩下不满和埋怨。”

“有一次又因为一点小事和老公闹了脾气，我无意间在卫生间的镜子里看到了一张怨妇的脸，那狰狞的表情，发怒的眼睛让我突然开始怀念从前温柔恬静的自己。正是在那一刻，我决定改变。”周姐继续说道：“结果隔天从起床就开始不顺，先是小孩不停哭闹，为了哄孩子，差点误了上班时间，匆匆忙忙跑到马路边，又迟迟打不到车，更倒霉的是，天空竟然飘起了小雨，人还没到公司，不抱怨的誓言便被抛到了脑后。当负面情绪涌上来时，我对自己很是灰心，觉得除了抱怨什么事都做不了。”

“那天下班后，我感觉积压了一天的坏情绪快要令我呼吸不过来了，刚巧看见楼下有个健身房，于是我走进去，骑了半小时的动感单车。当汗流浃背的我停下来休息时，突然发现，经过一番发泄，心情居然大好。当天晚上，或许是太累了，我睡了一个特别安稳的好觉。”

后来的事，我便都看到了，每一次当办公室的女同事习惯性凑在一起“吐槽”时，张姐都会默默走开。慢慢地，她不再消极，我们看到的，便是那个乐观爱笑的张姐。

正如罗曼·罗兰所说的那样：“怨怒燃起敌意，豁达重拾希望。”当我们尝试着将抱怨的心情化为上进的力量，或许会收获意想不到的身心轻快和神清气爽。

3

似乎对于成年人而言，能做到不抱怨真的很难。小希乐观开朗、孝顺温柔，见人总是一脸笑，是我们小区里出了名的好人缘。小希的婆婆瘫痪多年，躺在床上，生活要人照顾。虽然小希的老公不是独子，但小希一家却独自承担了照顾婆婆的重任，将老人伺候得很好。住在隔壁小区的小希的小叔子夫妇，除了偶尔来看一下，几乎从不帮忙。有邻居为小希打抱不平：“都是一样的儿子，怎么都归你家照顾？”

小希露出她的招牌笑容，轻描淡写地回应：“他们工作太忙了，我又没事，再说家里有个老人多好啊。”尽管说得轻松，可是谁都能看出她的不易。

每天安排好丈夫和孩子后，她要买菜做饭，收拾家务，给老人喂饭，擦身，换洗衣裳……一整天几乎没有空歇，常常累得满头大汗。尽管如此，她却从不抱怨，总是微笑示人。每天傍晚，我都会看见小希用轮椅推着婆婆在小区里散步，夕阳西下，余晕照在她的身上，真是越看越美。小希的付出也被全家人看在眼里。老公因此对她体贴，回家后能替她分担的，二话不说就会去做；孩子聪明伶俐，而且在她的潜移默化下，小小年纪就孝顺懂事。

从小希的故事里，我明白了一个道理，不抱怨的女人，才更有资格收获幸福，她们就如时光里的旧锦缎，即便已经旧了、褪色了，依旧那么可心、温柔。

4

人活在世上的最高目标，大约是想要尘世的一份岁月静好。我们之所以努力地工作、努力地生活，除了为物质，更是为了实现内心对家庭、对情感的美好追求。然而，美好的向往从来都不是唾手可得的，生活里总是有诸多的无奈和烦恼。这些无奈和烦恼，正是将原本充满生气的女人变成怨妇的利器。

事实上，心理对身体的影响往往超越我们的想象，正如某位心理学家说过的那样：“如果抱怨超过一个度，会让你积怨更深，压力更大。”假如女人跳不出自己情绪的困局，便会越陷越深，在负能力的累计下，终将失去鲜活。

一个聪明的女人，一定是努力开拓视野、充实自己、内在不较劲、外在不抱怨。正如佛家所追求的最高境界一样——当世界无情时我多情，当世界多情时我欢喜。

不抱怨的女人，自会得到最好的成全，不抱怨的人生，才是最完美的人生。

懂仪式感的女人，从不为自己的人生设限

当女人将生活的重心放在了单一的轨道里，她的生活便会被禁锢。不如试着打破生活的限制，或许你会看见不一样的风景，收获不一样的人生。

1

在某次访谈节目中，主持人问张艾嘉："什么是女人的仪式感？"张艾嘉回答道："女人的仪式感是来自自己人生的态度，怎么好好走这条路，那就是你自己的仪式感。"

纵观张艾嘉的一生，她与同期出道的其他女星最大的不同，大概就在于她从来不给自己的人生设限，她拥有将人生折腾到底的勇气和魄力。

张艾嘉出身名门，尽管从小家教严格，但她却有一颗叛逆的心和一份不墨守成规的灵性。幼年丧父，母亲改嫁，自小由外婆抚养长大的她，虽然原生家庭并不完整，但她并没有养成逆来顺受的性格，而是早早便学会了忠于自己。年轻时的她，想爱就爱，想结婚就结婚，想演戏就演戏，想拍电影就拍电影，活得洒

脱而自在。

中国台湾音乐制作人黄韵玲是张艾嘉的好朋友，在谈及张艾嘉忠于自己的人生态度时她曾提到，1999年，她和张艾嘉合作电影《心动》，当时她已经写完了主题歌，唱片公司的老板却不认可，认为那首歌不容易讨市场欢心，用作主打歌非常危险。但张艾嘉坚持本心，顶住巨大的压力留用了那首歌。后来，这个旋律穿越时空隧道，陪伴了几代人，成了华语乐坛的经典声响之一。

张艾嘉有多重身份。她是演员，19岁进入演艺圈，28岁获得金马奖最佳女主角，参演了近百部电影；她是歌手，一首《童年》唱红了一个时代，一首《爱的代价》更是影响了几代人；她是导演，33岁那年，当同期的女演员大多都在想着如何趁着风头正热拿更多奖项的时候，她却将目光转向了幕后，完成了自己的第一部电影《最爱》，并由此开启了自己的创作之路。

你以为张艾嘉这一路走来，真的那么顺畅吗？非也。2015年她参与制作的电影《华丽上班族》，6天票房不到5000万元；另一部电影《念念》更是被观影者们形容为“看不懂”，尽管市场不买账，但张艾嘉拍文艺片的喜好却没有受到影响，她始终坚持着自己的内心。她说：“商业世界就是这样，你喜欢就留下，不喜欢就离开。文艺片可能不卖钱，可只要我很努力地去宣传，或许就有机会让更多的人看到。”

2017年是张艾嘉担任香港金像奖主席的最后一年，在那一届金像奖中提名的所有人都收到了张艾嘉亲自设计的帆布鞋。鞋很普通，但上面印刻的字却十分别致：我才不过是64岁，跑起来，路仍长。

大概正是这种不给自己设限的人生态度，让张艾嘉的人生始终充满了活力。“生命是沉重的，但到了某个时候终于明白了，它是可以轻描淡写的。”60岁后，张艾嘉写了《轻描淡写》这本书，她没有浓墨重彩的渲染自己纷繁磅礴的一生，而是选择了将这厚重的几十年，云淡风轻地揉成四个字。这或许正是她如今的心境。

台湾地区演员小S在谈及张艾嘉的时候曾这样说道：“她就是我们都想活成的那种人。”我想，对一个人最高的赞美，大概不过如此吧。

2

日剧《我不是结不了婚，只是不想》里的女主角橘雅是我很喜欢的一个人物。身为学霸的她一路奋斗，并最终拥有了自己的诊所。39岁那年，当她打扮得漂漂亮亮、自信满满去参加同学聚会时，却因为没有结婚而遭受了别人同情的眼光。

你以为橘雅就会因此而一蹶不振吗？不。天生不服输的她用尽了一切办法和手段向那些小瞧她、轻视她的人证明了一件事情——我不是结不了婚，而是我不想。

女人似乎生来便带有结婚生子的使命，倘若到了一定年纪，还没有完成自己的使命，就会变成了大龄剩女，即便她再优秀，她也得不到别人的认可。

橘雅在经历了初恋、姐弟恋后，渐渐意识到了自己之所以被剩下来，并非自己不优秀，而恰恰是太优秀，将别人用来参加联谊、相亲、恋爱的时间全部用来了拼学业和事业。也正是这样的选择，让她明白了自己活着的目的，是为了拥有更好的生活，而并非嫁人。

当想清楚这些后，橘雅便不再在乎别人怎么说、怎么看待。因为本身就不是同一类人，拥有不同的命运，又何必要求别人理解自己呢？

当一个智慧的女人勇敢而自信地撕掉了别人给她贴的标签，并对这些标签不屑一顾，便会发现，这世上再也没有能困住她的力量了。

3

M是我的朋友，如今生活在美国。M长相甜美，性格温柔，却偏爱中性打扮，总是穿一身随性的休闲装。有人问她，为什么长得那么女人，却偏偏打扮得像男人，她甩甩头酷酷地答道：“怎么打扮是我自己的事情，我觉得怎么舒服就怎么穿，需要理由吗？”

对待两性生活她亦是如此。M的老公事业有成，一直希望M能做一个相夫教子的家庭主妇。可M并不愿意。事实上，M之前在国内所学的传媒专业在美国并没有什么市场，为了有更好的发展，M毅然决然地选择了到斯坦福大学攻读第二硕士学位，并且抛弃了之前的专业，从一名文科生变成了一名理科生。

在读研期间，M怀上了二胎，家人十分欣喜，轮番劝她为了孩子放弃学业。M依然没有顺从，在权衡再三后，她做出了一边怀孕一边上学的决定。作为班里年纪最大的学生，每一次当M挺着大肚子出现在教室的时候，教授的脸上都会闪过既惊讶又欣喜的表情。

在怀孕9个月的时候，M迎来了一场重要的考试，为了顺利过关，M在考前的前几天经常复习到深夜。M的老公为此十分生气，觉得M太自私，完全不考虑孩子和自己，强烈要求M休学养胎。

但M咬牙坚持了下来，始终没有中断学业。M是他们那一届里唯一一个怀孕生子的学生，在毕业典礼上，当她穿着学士服、抱着粉嫩的儿子自信满满地走向讲台接过教授手中的学位证书时，台下响起了雷鸣般的掌声，教授激动地给了她一个大大的拥抱。这一幕，让台下坐着的M老公十分动容，他知道为了这个硕士学位证书，M付出了太多。

毕业后，M很快找到了满意的工作，并做得风生水起。因为感动于M对事业的执着，更欣赏她那不服输、不妥协的气度，身为化学博士的老公在M面前不再有优越感，反而多了一份支持和敬佩。

都说岁月催人老，在婚姻里，比岁月对女人造成的打击更大的是男人的不理解和不体贴。能成就女人的，唯有女人自己。对于这一点，M从不怀疑，她知道，要想获得满足感、赋予生活更多的意义，就必须专注于自己的喜好，最珍贵的选择一定是听从内心的选择，活着的意义便是做有价值的事情。

无论是张艾嘉、橘雅，还是M，她们都拥有不设限的人生，她们都活得通透而洒脱，你除了会看见她们所经历的故事，更会看见那些经历留在她们身上的痕迹。

然而现实生活中，选择用妥协去解决人生困境的女人不在少数，她们将大部分矛盾掺和真实感受藏在了心底，只有感觉难过或压抑时，才会选择逃到某个城市去游玩两天，当烦恼退去，又重新投入到现实的生活、工作中。她们从未想过改变人生，更没有尝试着问一问自己究竟想要怎样的生活，她们活在别人的期待里，仿佛一切理所当然。

人生不止一种活法，还有无数的可能。不要试图给自己的人生设限，或许当你迈开原地踏步的脚步，试着去打破过去既定的一切，做自己想做的事，成为自己想成为的人，去拓宽人生的长度与宽度时，你才会寻找到一个更好的、充满仪式感的你。

亲爱的女人，愿你心有处可栖，一生以梦为马。

折腾半生，
笑起来仍像少女

真正的少女心是一种年轻的心态，是不轻易被世界折服的精神。它能让我们拥有超能力，随时可以满血复活，卷土重来。

1

生活中，20多岁的“老人”，比比皆是。我们经常会听到一些女性朋友叫嚣着“老了老了”，尽管他们的容颜还很年轻，但她们的心态却已经历尽寒霜暮雪。

曾经，我也以为自己已经老了，可是在看到道·波尔琼-林茨之后，我才醒悟，不管到了什么年纪，只要我们愿意，我们都可以将自己活成青春洋溢的少女。

1938年，20岁的印度女孩道·波尔琼-林茨漂洋过海来到了法国，成了一名模特。面容姣好、身材玲珑的她，很快便迎来了事业的高峰。

正当她的模特事业蒸蒸日上时，第二次世界大战爆发了。当曾经的时尚之都被黑云笼罩，硝烟四起时，林茨毅然地走下了T

台，投身到了残酷的战场。面对生活的巨变，面对战争的残酷，勇敢的林茨没有退缩、没有害怕，从华丽的T台到血腥的战场，她用从容和淡定，完成了身份的转变。林茨曾经两次与印度“国父”甘地一起开展游行，并帮助犹太人逃离纳粹的迫害。脱下秀服，换上战袍的她，将自己活成了一个英勇的女战士。

战争结束后，放下模特光环历经了战争洗礼的林茨，选择到美国进军影视圈。在美国，她将一切归零，从默默无闻的小演员做起，写剧本，拍纪录片，办电视台，将自己的影视事业经营得风生水起。

在风头正劲的时候，她却再一次出人意料的选择了隐退。从影视圈隐退后的林茨依然没有停止对生活的热情。在不惑之年，她爱上了瑜伽，开始尝试与自己的灵魂进行交流。在不断地坚持和努力下，她成了一名专业的瑜伽教练，并创建了自己的瑜伽学院。在她那些跟随她学习的、来自世界各地的学生里还有一位被誉为“现代瑜伽创始人”的艾扬格。

林茨曾经说过：“我不相信年龄，我只相信能量。你不应该让你的年龄命令你该做什么，不该做什么。”2018年9月，她迎来了自己的100岁。期颐之年的她，依然光彩照人、活力四射，始终保持着少女般明媚的笑容。

岁月可以在我们脸上留下风霜，却无法摧毁我们年轻的身体和灵魂。林茨用自己精彩的一生告诉了我们，即便是活到100岁，只要你愿意，依然可以将自己活成20岁的少女。

人生从来都不会太晚，愿每一个努力上进的你，都能够拥有一颗年轻的心，即便折腾半生，笑起来仍如少女。

2

女人的少女心与年龄无关，与岁数无关，在大多数女人心里始终住着一个纯粹的小女孩。

林心如在电视剧《姐姐立正向前走》里饰演的汪明明是一位年过三十依然拥有一颗少女心的单身女编剧。尽管已经不再年轻，但汪明明却始终充满幻想和天真烂漫，期待能遇到梦中的白马王子。也正是这份天真烂漫，让汪明明最终收获了甜蜜的爱情。

在汪明明的身上，我们多少可以看到一些林心如的影子。现实生活中的林心如，是一个年过四十依然保持着少女心的“蜜糖少女”。她喜欢粉色，喜欢Hello Kitty；她热爱小动物，更热爱生活；她的生活始终充满了青春活力。而她和霍建华的那段浪漫的姐弟恋，更是令无数人艳羡。

同样不曾老去的还有年过四十的许晴。因为一帆风顺，因为一直被保护，许晴一直是少女的模样。很多人觉得她矫情、有公主病，可是在我看来，她不过是有颗少女心罢了。也正是因为这颗少女心，她对生活充满了期待和幻想，在她的心中藏了一座童话城堡。

什么是少女心？也许你会说，少女心就是穿着低于自己年龄段的衣服，佩戴或收藏萌萌的小饰品，假装可爱、无辜卖萌。

在我看来，真正的少女心是一种年轻的心态，是不轻易被世界折服的精神。它能让我们拥有一种超能力，随时可以满血复活，卷土重来。

3

高中时候的语文老师是一个年近60的老太太，可是在她眼中，她从来不认为自己老。在给我们上课的时候，她常常以“年轻人”自居。她最喜欢说的话便是：咱们年轻人，现在不好好努力啥时候能有成就呢；咱们年轻人，就得不怕吃苦；咱们年轻人啊，就得有干劲……在学校里，她很受学生欢迎，大家都喜欢她，因为她的活力和她身上散发出来的正能量就摆在那里，和她待在一起，总是特别有激情。

因为写作不错，我算是她的“得意门生”，也常常被邀请到她家做客。我最喜欢的，便是她那满院子四季不败的鲜花。我常常坐在院子里看书，和她聊未来，阵阵清风吹来，花香四溢，仿佛置身于童话世界。这些花是老师精心培养而得，我曾见过她在院子里为花浇水、除草的模样，更曾见过她因为一朵花开得艳丽而像孩子一样开心的模样。我喜欢老师的生活态度，她将日子，过成了一首奔放的诗。

美国有一位叫摩西的传奇奶奶，她在70岁高龄的时候才开始学画画。因为善于捕捉花朵转瞬即逝的美丽，摩西奶奶笔下的花朵，总是明媚娇艳、栩栩如生，色彩和形状都十分自然。从这些美丽的花朵中，我们能感受到摩西奶奶那一颗鲜活如初的少女心，以及她散发着爱和明媚阳光的美好生活。

英国女王伊丽莎白有一张照片十分打动我。照片上的女王尽管已经一大把年纪了，但是她望向扮演侍卫的丈夫的那种甜蜜眼神，以及她嘴角忍不住的偷笑，让她那颗怦怦跳动的少女心尽显无疑。我想，在那颗纯正的少女心里，包裹着的一定是女王对生活的深情。

少女心从来就不是少女的专属。当岁月老去，你依然心存柔软、活力四射，即便80岁，那颗18岁的少女心，仍能跳出最美妙的音律。

4

女人最高的仪式感，大约在于看过山川大河，穿越暗夜荆棘，仍然相信童话、怀揣纯真；大约在于能忘记自己的身份和年龄，忘记岁月的沧桑和生活的细碎，无视脸上胶原蛋白的流逝和为人妻、为人母的身份转换，依然对生活怀揣热情，依然青春无敌、活力四射。这样的女人，老去的只是容颜，而不是灵魂，即便在80岁的年纪，也一样会拥有20岁的青春。

不知从什么时候起，少女心似乎变成了扭捏作态、装可爱、玻璃心的代名词。如果某个女人穿了一件低于自己年龄段的衣服，人们便会觉得她有颗卖萌装嫩的少女心；如果某个女人热衷收集各种特殊意义的小物件，人们便会觉得她有颗幼稚浮夸的少女心；如果某个女人外表成熟却总在看书看剧时流泪，人们便会觉得她有颗个敏感忧郁的少女心。

假如穿着低于自己年龄段的衣服、收集各种特殊意义的小物件能让她们感觉快乐，假如在看书看剧时流泪是她们的真情流露，只要她们没有因此而影响别人的生活，她们就没有过错。换言之，这就是她们保持生活仪式感的方式，就值得被尊重。

不要因为别人的议论而惧怕少女心，更不要因为别人的目光而排斥少女心。真正的少女心，不是公主病，不是玻璃心，也不是矫情，它是女人最柔软、最可贵的东西，是女人最高的仪式感。

在日益衰老的皮囊之下，永葆青春的少女之心，不畏惧苦难，敞亮地面对这个世界，这是值得每一个女人憧憬和学习的情怀。

世界上最可怕的不是你人老了，而是你的心老了。当我们折腾半身，历经千山万水，不论相聚或别离，不论欢喜或悲伤，不纠结、不彷徨、不迟疑，微微一笑，宛若少女，这大概才是真正的幸福吧。